普通高等教育"十三五"电子信息类规划教材

现代数字系统设计

第2版

主　编　于海雁
副主编　汤永华　庞　杰　金　香
参　编　李晓游　姜　翌　孙洪林

机 械 工 业 出 版 社

本书简要介绍了现代数字系统设计的设计思想和硬件基础知识，包括现代数字系统的各类典型应用，以及在实际数字系统设计时如何进行选型等问题。书中重点介绍了 Verilog HDL 的基础知识、基本内容和基本结构，特别是在书中汇集了作者多年工程实践的体会和经验，为读者提出了若干在实际使用中需要着重注意的问题，并提供了大量经过工程实践验证过的实例供读者参考和练习。

本书是基于 Verilog HDL 的现代数字系统设计的初级读本，适合电子、电气、自动化和计算机等相关专业作为教材使用，也可供相关专业技术人员参考。

图书在版编目（CIP）数据

现代数字系统设计/于海雁主编 . —2 版 . —北京：机械工业出版社，2019. 4

普通高等教育"十三五"电子信息类规划教材

ISBN 978-7-111-62138-6

Ⅰ. ①现… Ⅱ. ①于… Ⅲ. ①可编程序逻辑器件–系统设计–高等学校–教材 Ⅳ. ①TP332. 1

中国版本图书馆 CIP 数据核字（2019）第 037459 号

机械工业出版社（北京市百万庄大街 22 号　邮政编码 100037）
策划编辑：王玉鑫　责任编辑：王玉鑫　王小东
责任校对：郑　婕　封面设计：张　静
责任印制：张　博
三河市宏达印刷有限公司印刷
2019 年 4 月第 2 版第 1 次印刷
184mm×260mm · 13. 5 印张 · 334 千字
标准书号：ISBN 978-7-111-62138-6
定价：34. 80 元

前　言

随着 EDA 技术和半导体工艺的发展，现代数字系统设计的规模和功能不断增大、增强，系统的设计思想、设计过程和实现方式都发生了巨大的变化，可编程片上系统（SOPC）的设计应用越来越广泛。本书融入了作者多年工程实践和教学经验，将硬件描述语言的学习与应用实例相结合，突出对语言运用能力的应用和把握，使初学者快速加深对现代数字系统设计的理解和运用。

本书在章节安排上按照认知的一般规律，由浅入深、由易到难，首先使初学者对现代数字系统有一个总体的、概念性的认知，初步了解现代数字系统设计的一般思路和步骤。通过对现代数字系统设计的核心单元，即可编程逻辑器件（PLD）的结构表示方式的介绍，为后续流行的可编程逻辑器件的应用做铺垫，并从描述方式上明晰现代数字系统与传统数字系统在设计方法上的区别。在了解必要的结构描述方式后，向读者全面展示当前主流的两类可编程逻辑器件（CPLD 和 FPGA）的结构特点、主要的内部结构和功能特性。由此对可编程逻辑器件所能实现的功能有了比较深入的了解。硬件描述语言的准确运用是现代数字系统设计的关键，本书全面细致地讲解了 Verilog HDL（Verilog 硬件描述语言）的基础知识，对每个关键知识点强调应用技巧和注意事项，尤其是对同一功能的不同实现方法的阐述，引导读者发散思维、不拘一格、灵活运用。将大量的数字系统设计实例贯穿于程序输入、工程建立、逻辑综合、查错优化、仿真验证直到下载调试等整个系统设计流程。

本书章节安排如下：

第 1 章介绍现代数字系统设计的概念、基本特征、可编程逻辑器件的发展历程和当前主要应用领域。

第 2 章介绍可编程逻辑器件的硬件基础，包括器件的分类及其特点，特别是主流器件的基本结构、原理和特性等。

第 3 章介绍 Verilog HDL 的基本语言构件，包括语言的发展历程、基本结构、语言要素和数据类型等。

第 4 章进一步介绍 Verilog HDL 的编程方法和实现方式。该章包含了 Verilog HDL 的核心内容。

第 5 章详细介绍 ALTERA 公司的 Quartus Ⅱ 集成开发环境的开发流程。

第 6 章介绍了基本数字电路的设计实例，包括同一功能电路的不同实现方式；介绍了录码点钞机等的实际工程实例。

第 7 章给出了十个实验项目，包括组合电路实验、时序电路实验及数字系统设计实验。实验的目的是帮助读者尽快掌握模块设计和系统设计的基本概念及方法。

本书第 1、2、7 章及附录由庞杰编写，第 3 章由金香编写，第 4 章由于海雁编写，第 5 章由李晓游编写，第 6 章由汤永华编写，姜翌和孙洪林参与书中实例的选定和程序的调试，全书由于海雁统稿。

本书中的逻辑符号均采用了国外流行符号，附录 D 给出了与国标符号的对照表，供参考。

在本书的编写过程中参考了不少专家、学者的文献，特别是主流器件生产厂家的英文原版文献。在内容组织、文字表述、章节安排等方面都从不同的文献资料中汲取了宝贵的经验，受益匪浅，在此向所有参考过的文献的作者一并表示衷心感谢！

由于作者教学、实践经验与水平有限，书中必定存在疏漏之处，敬请读者批评指正。联系方式 yuhaiyan@ sut. edu. cn。

编　者

目　录

第1章 绪　　论

1.1 现代数字系统设计简介

现在的电子设备，单纯用模拟电路实现的已经很少见了。通常情况是，只在微弱信号放大、高速数据采集和大功率输出等局部采用模拟电路，其余部分（如信号处理等）均采用数字电路。也就是说，对大多数电子设备而言，其主体部分是数字系统。由于数字技术在处理和传输信息方面的各种优点，使数字技术的使用已渗透到人类生活的各个领域。从概念上讲，凡是利用数字技术处理和传输信息的系统都可以称为数字系统。本书中所指的数字系统，均指由数字电路构成的纯硬件数字系统。

1.1.1 现代数字系统设计流程

随着技术的发展，数字系统设计依靠手工来进行已经无法满足设计要求，现代数字系统设计通常都是在计算机上采用电子设计自动化（Electronics Design Automation，EDA）技术完成的。EDA 技术以计算机硬件和系统软件为基础，采用 EDA 集成开发环境，在计算机上完成电路的功能设计、逻辑设计、性能分析、时序测试直至 PCB（印制电路板）的自动设计等。基于芯片的设计、TOP – DOWN（自顶向下）设计方法和设计仿真成为系统设计的主要手段。

一个完整的数字系统设计可以分为 4 个层次，即系统级设计、电路级设计、芯片级设计和电路板级设计。相应地，从提出设计要求到完成系统成品，可以分为以下几个步骤：系统设计、芯片设计、电路设计、PCB 设计、结构设计及电路调试和系统调试，如图 1-1 所示。

1. 系统设计

系统设计将设计任务转换成确定的、可实现的功能和技术指标要求，确定可行的技术方案，在系统一级描述系统的功能和技术指标要求。确定各功能模块之间的接口关系。系统设计实质上是原理性设计，是数字系统设计的关键步骤，也是最困难的。

2. 电路设计

电路设计确定实现系统要求的算法和电路形式，在电路级描述系统功能。

3. 芯片设计

芯片设计按照电路设计确定的算法和电路形式，通过设计芯片内部的逻辑功能来实现这些算法和电路，即设计专用的集成电路芯片。用 EDA 技术设计数字系统的实质是一种

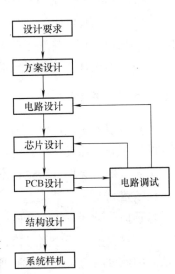

图 1-1　数字系统设计流程框图

"自顶向下"的分层设计方法。在每一层次上，都有描述、划分、综合和验证 4 个步骤。特别是大规模可编程器件性能日趋完善和成本降低、在系统可编程（In System Programmable）技术的广泛应用、功能强大的 EDA 软件，使得设计工作变得十分简单。

4. PCB 设计

PCB 设计是芯片设计工作的继续，实现系统整体的功能，同时进行初步的工艺和机械结构的设计，其中包括确定电路板的尺寸以及元器件的布局和布线。

5. 调试

调试的目的是检查设计中存在的问题，其中包括电路调试和系统调试。电路调试是测试单块电路板的功能和性能指标是否能够满足设计要求。系统调试是对电路板进行联调，检查电路板之间的接口、系统整体功能和性能指标是否满足设计要求。

6. 结构设计

结构设计包括机箱设计和面板设计。

1.1.2　自顶向下设计方法

自顶向下设计是目前常用的数字系统设计方法，也是基于芯片设计的主要方法。这种方法的主要目的在于将系统划分为控制器件和受控电路两部分，确定受控电路是由哪些模块实现的。将设计由上到下进行层次化和模块化的功能分割，分模块地进行设计和仿真，如图 1-2 所示。高层次设计进行功能和接口描述，说明模块的功能和接口，模

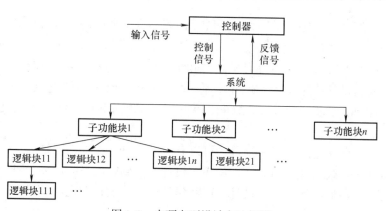

图 1-2　自顶向下设计方法框图

块功能的更详细描述将在下一设计层次说明，最底层的设计才涉及具体寄存器和逻辑门电路等实现方式的描述。这里所说的"模块"可能是芯片或电路板。

1.1.3　设计准则

进行数字系统设计时，通常需要考虑多方面的条件和要求。如设计的功能和性能要求；器件的资源分配和设计工具的可实现性；系统的开发费用和成本等。虽然具体设计的条件和要求千差万别，实现方法也各不相同，但数字系统设计具备一些共同的方法和准则。

1. 分割准则

自顶向下设计方法或其他层次化设计方法，需要对系统功能进行分割，然后进行逻辑描述。分割过程中，若分割过粗，则不易用逻辑语言表达；分割过细，则带来不必要的重复和烦琐。因此分割的粗细需要根据具体的设计和设计工具情况而定。掌握分割程度，可以遵循以下原则：

（1）分割后最底层的逻辑块应适合用逻辑语言进行表达

如果利用逻辑图作最底层模块，需要分解到门、触发器和宏模块一级；用 VHDL（Very - High - Speed Integrated Circuit Hardware Description Language，VHSIC 硬件描述语言）或 Verilog HDL（Verilog 硬件描述语言）则可以分解到算法一级。

（2）共享模块

在设计中，往往出现一些功能相似的逻辑模块，相似的功能应该设计成共享的基本模块，像子程序一样由高层逻辑块调用。这样可以减少需要设计的模块数目，改善设计的结构化特性。

（3）接口信号线最少

复杂的接口信号容易引起设计错误，并且给布线带来困难。以交互信号的最少地方为边界划分模块，用最少的信号线进行信号和数据的交换为最佳的方法。

（4）结构匀称

同层次的模块之间，在资源和 I/O 分配上，不出现悬殊的差异，没有明显的结构和性能上的瓶颈。

（5）通用性好，易于移植

一个好的设计模块应该可以在其他设计中使用，并且容易升级和移植；另外，在设计中应尽可能避免使用与器件有关的特性，保证设计可以在不同的器件上实现，即设计的可移植性。

2. 系统的可观测性

在系统设计中，应该同时考虑功能检查和性能的测试，即系统观测性的问题。

一个系统除了引脚上的信号外，系统内部的状态也是需要测试的内容。如果输出能够反映系统内部的状态，即可以通过输出观测到系统内部的工作状态，那么这个系统是可观测的。建立观测器，应遵循以下原则：

1）具有系统的关键点信号，如时钟信号、同步信号和状态机的状态信号。

2）具有代表性的节点和线路上的信号。

3）具备简单的"系统工作是否正常"的判断能力。

3. 同步电路和异步电路

异步电路会造成较大的系统延时和逻辑竞争，容易引起系统的不稳定；同步电路按照统一的时钟工作，稳定性好。在设计时，应尽可能采用同步电路进行设计，避免使用异步电路；在必须使用异步电路的场合，应采取措施来消除竞争和增加稳定性。

4. 最优化设计

由于可编程器件的逻辑资源、连线资源和 I/O 资源是有限的，器件的速度和性能也是有限的，用器件设计系统的过程相当于求最优解的过程。这个求最优解的过程需要给定两个约束条件：边界条件和最优化目标。边界条件即器件的资源及性能限制。最优化目标有多种，设计中常见的最优化目标有器件资源利用率最高、速度最快、布线最容易。这些目标可以通过控制软件的参数选项来实现。

1.2　现代数字系统设计的硬件基础

现代数字系统设计主要是以可编程逻辑器件（Programmable Logic Device，PLD）为基础，集软硬件系统开发于一体的数字电路系统设计方式。

1.2.1　PLD发展历程

历史上，可编程逻辑器件经历了从 PROM、PLA、PAL、GAL、EPLD 到 CPLD 和 FPGA 的发展过程，在结构、工艺、集成度、功能、速度和灵活性方面都有了很大的改进和提高。集成密度是可编程逻辑器件一项很重要的指标，如果从集成密度上分类，可分为低密度可编程逻辑器件（LDPLD）和高密度可编程逻辑器件（HDPLD）。历史上，GAL22V10 是简单 PLD 和复杂 PLD 的分水岭，一般也按照 GAL22V10 芯片的容量区分为 LDPLD 和 HDPLD。GAL22V10 的集成密度根据制造商的不同，大致为 500 ~ 750 门。如果按照这个标准，PROM、PLA、PAL 和 GAL 器件均属于 LDPLD，而 EPLD、CPLD 和 FPGA 则属于 HDPLD，如图 1-3 所示。

1. LDPLD

LDPLD 包括 PROM、PLA、PAL 和 GAL 四种器件。

PROM 器件，即可编程只读存储器。它的基本结构是：与阵列固定和或阵列可编程的与或阵列。PROM 采用熔丝工艺编程，只能写一次，不可以擦除或重写。随着技术的发展和应用要求，又出现了 EPROM（紫外线擦除的可编程只读存储器）和 E²PROM（电擦写可编程只读存储器）。由于 PROM 具有价格低，易于编程的特点，适合于存储函数和数据表格，在某些场合尚有一定的用途。

PLA（Programmable Logic Array）器件，即可编程逻辑阵列，也是基于与或阵列的器件。它的与阵列和或阵列都是可编程的。PLA 曾经被认为是极有发展前途的可编程逻辑器件，但是由于器件的资源利用率低，现在已经不常使用，只在一些传统的场合还有应用。

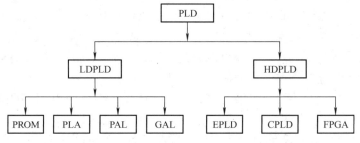

图 1-3　可编程逻辑器件的密度分类

PAL（Programmable Array Logic）器件，即可编程阵列逻辑，由 AMD 公司发明，也是与或阵列结构的器件。在结构上，这类器件包括一个可编程的"与"阵列和一个固定的"或"阵列，其中"与"阵列的编程特性使输入项可以增多，而或阵列固定使器件简化。PAL 具有多种结构的输出形式，因而其型号较多。

GAL（Generic Array Logic）器件，即通用阵列逻辑，是 Lattice 公司于 20 世纪 80 年代发明的电可擦写、可重复编程、可设置加密位的 PLD 器件。GAL 器件与 PAL 器件相比，增加了一个可编程的逻辑宏单元（OLMC）输出，通过对 OLMC 配置可以得到多种形式的输出和反馈。具有代表性的 GAL 芯片有 GAL16V8 和 GAL20V8。这两种 GAL 几乎能够仿真所有类型的 PAL 器件。在实际应用中，由于 GAL 器件对 PAL 器件仿真具有 100% 的兼容性，所以 GAL 几乎完全代替了 PAL 器件。

LDPLD 易于编程，对开发软件的要求低，在 20 世纪 80 年代得到了广泛的应用，但随着技术的发展，LDPLD 在集成密度和性能方面的局限性也暴露出来。低 LDPLD 的寄存器、

I/O 引脚、时钟等资源的数目有限，没有内部互连，使设计的灵活性受到明显的限制。

2. HDPLD

HDPLD 包括 EPLD、CPLD 和 FPGA 三种器件。

EPLD（Erasable Programmable Logic Device）是 20 世纪 80 年代中期由 Altera 公司推出的一种新型、可擦除的可编程逻辑器件。它是一种基于 EPROM 和 CMOS 技术的可编程逻辑器件。

EPLD 器件的基本逻辑单位是宏单元。宏单元由可编程的与或阵列、可编程寄存器和可编程 I/O 三部分组成。宏单元和整个器件的逻辑功能，均由 EPROM 来定义和规划。从某种意义上讲，EPLD 是改进的 GAL。EPLD 的特点是大量增加输出宏单元的数目，提供更大的与阵列。由于特有的宏单元结构，使设计的灵活性比 GAL 有较大的改善；集成密度提高，在一片芯片内能够实现较多的逻辑功能；EPLD 由于保留了逻辑块的结构，内部连线相对固定，即使是大规模集成容量的器件，其内部延时也很小，有利于器件在高频率下工作。

EPLD 内部互连能力十分弱，在 80 年代末受到另一种新兴的可编程逻辑器件 FPGA 的冲击，直到 90 年代 EPLD 的改进器件——复杂的可编程逻辑器件（Complex PLD，CPLD）和现场可编程门阵列（Field Programmable Gate Array，FPGA）器件出现后，这种情况才有所改变。

1.2.2　CPLD 与 FPGA

CPLD 是基于乘积项技术、Flash 工艺的 PLD。FPGA 是基于查找表技术和 SRAM 工艺，要外挂配置 E^2PROM 的 PLD。与其他可编程逻辑器件相比，FPGA 和 CPLD 在结构工艺、集成度、功能速度和灵活性方面都有很大的改进和提高，以 FPGA 和 CPLD 为代表的可编程逻辑器件，逐渐成为微电子技术代表产品的主要发展方向之一，两种器件各有特点，应用领域也有所不同。

1. FPGA

FPGA 即现场可编程门阵列，它是作为专用集成电路（Application Specific Integrated Circuit，ASIC）领域中的一种半定制电路而出现的，既解决了定制电路的不足，又克服了原有可编程器件门电路数量有限的缺点。FPGA 提供了最高的逻辑密度、最丰富的特性和最高的性能。器件还具备内建的硬连线处理器、大容量存储器、时钟管理系统等特性，并支持多种最新的超快速器件至器件的信号技术。

2. CPLD

CPLD 即复杂可编程逻辑器件。CPLD 是一种根据用户需要而自行构造逻辑功能的数字集成电路。与 FPGA 相比，CPLD 提供的逻辑资源少得多，但是 CPLD 提供了非常好的可预测性，因此对于关键的控制领域应用非常理想。CPLD 器件需要的功耗极低，并且价格低廉，从而使其对于成本敏感、电池供电的便携式应用非常理想。

3. FPGA 与 CPLD 相比较

尽管 FPGA 和 CPLD 都是 HDPLD，有很多共同点，包括主要的开发手段和开发流程，以及开发工具等。但由于 CPLD 和 FPGA 结构上的差异，具有各自的特点。

（1）延时不同

FPGA 是细粒结构，这意味着每个单元间存在细粒延迟。如果将少量逻辑紧密排列在一起，FPGA 的速度相当快。然而，随着设计密度的增加，信号不得不通过许多开关，导致的路由延迟也快速增加，从而削弱了整体性能。FPGA 是"寄存器丰富"型，即寄存器与逻辑门的比例高。而 CPLD 正好相反，它是粗粒结构，是"逻辑丰富"型，这意味着进出器件的路径经过较少的开关，相应的延迟也小。因此，与等效的 FPGA 相比，CPLD 可工作在更高的频率，具有更快速的性能。CPLD 的连续式布线结构决定了它的时序延迟是均匀和可预测的，而 FPGA 的分段式布线结构决定了其延迟的不可预测性。

（2）CPLD 比 FPGA 使用起来更方便

CPLD 的编程采用 E^2PROM 或 FAST Flash 技术，无须外部存储器芯片，使用简单。而 FPGA 的编程信息需存放在外部存储器上，使用方法复杂。

FPGA 的集成度比 CPLD 高，具有更复杂的布线结构和逻辑实现，可以实现更为复杂的数字系统，例如可编程片上系统（System on Programmable Chip，SOPC）。FPGA 在编程上比 CPLD 具有更大的灵活性。CPLD 通过修改具有固定内连电路的逻辑功能来编程，FPGA 主要通过改变内部连线的布线来编程；FPGA 可在逻辑门下编程，而 CPLD 是在逻辑块下编程。

在编程方式上，CPLD 主要是基于 E^2PROM 或 Flash 存储器编程，编程次数可达 1 万次，优点是系统断电时编程信息也不丢失。适合于一些对速度、数据处理量要求不高的逻辑控制领域，如逻辑转换等。CPLD 保密性高，可用于对数字系统电路的加密工作。FPGA 大部分是基于 SRAM 编程，编程信息在系统断电时丢失，每次上电时，需从器件外部将编程数据重新写入 SRAM 中。其优点是可以编程任意次，可在工作中快速编程，从而实现板级和系统级的动态配置。

总之，CPLD 与 FPGA 由于各自的特点与优势，可根据不同的技术要求和设计环境做出合理选择。

1.2.3 PLD 发展趋势

随着半导体制造工艺的不断提高，PLD 的集成度将不断提高，制造成本也将不断降低，其作为替代 ASIC 来实现电子系统的前景将日趋光明。先进的 ASIC 生产工艺已经被用于 PLD 器件的生产，越来越丰富的处理器内核被嵌入到高端的 PLD 芯片中，基于 PLD 的开发成为一项系统级设计工程。功能上从最初的单纯 PLD 发展到内嵌 CPU、DLL 等的 SOPC。PLD 器件的发展趋势具有以下特点。

1. 大容量、低电压、低功耗、低成本

随着人们对消费类电子产品性能要求的不断提高，大容量 PLD 是市场发展的主要方向。采用深亚微米（DSM）的半导体工艺后，器件在性能提高的同时，价格也在逐步降低。由于便携式消费类产品的发展，对 PLD 的低电压、低功耗、低成本的要求也成为市场发展的重要方向。

2. 高集成度、高密度、高速度

工艺的改进以及市场的需要是集成度不断提高的基础和动力。许多公司在新技术的推动下，产品集成度迅速提高，尤其是最近几年的迅速发展，其集成度已经达到了 1000 万门。

PLD 的应用已经不是过去仅仅适用于系统接口部件的现场集成，而是将它灵活地应用于系统级（包括其核心功能芯片）设计之中。在这样的背景下，国际主要 PLD 厂家在高密度、高集成度、高速度 PLD 的技术发展上，主要强调两个方面：基于 FPGA 的 IP 硬核和 IP 软核。典型的 IP 核库有 Xilinx 公司提供的 LogiCORE 和 AllianceCORE。一方面是 PLD 厂商将 IP 硬核嵌入到 FPGA 器件中，另一方面是大力扩充优化的 IP 软核。这些 IP 核库都是预定义的，经过测试和优化，可保证正确的功能。设计人员可以利用这些现成的 IP 库资源，高效、准确地完成复杂的片上系统设计。

3. PLD 和 ASIC 相互融合

虽然标准逻辑 ASIC 芯片尺寸小、功能强、功耗低，但其所带来的系统级设计的复杂化不易于优化升级。PLD 价格较低廉，能在现场进行编程，但它们体积大、能力有限，而且功耗比 ASIC 大。正因如此，PLD 和 ASIC 正在互相融合，取长补短。例如 Altera 公司的 Hard-Copy 技术，在 PLD 和 ASIC 之间建立起了转换融合的桥梁。系统级芯片不仅集成 RAM 和微处理器，也集成 FPGA。随着 ASIC 制造商向下发展和 FPGA 的向上发展，在 CPLD 与 FPGA 之间正在诞生一种"杂交"产品，以满足降低成本和尽快上市的要求。

4. FPGA 动态可重构

动态可重构 FPGA 是指在一定条件下，芯片可以在系统重新配置电路的功能特性和逻辑能力。动态可重构 FPGA，在器件编程结构上具有专门的特征，可以通过读取不同 SRAM 中的数据来直接实现这样的逻辑重构，这种重构往往在纳秒级完成。

5. 向高速可预测延时方向发展

在一些高速处理系统中，数据处理量的激增要求数字系统有大的数据吞吐速率。另外，为了保证高速系统的稳定性，延时也是十分重要的。用户在进行系统重构的同时，担心延时特性是否会因为重新布线而改变。如果改变，将会导致系统性能的不稳定，这对庞大而高速的系统而言将是不可想象的。因此，为了适应未来复杂高速电子系统的要求，PLD 器件的高速可预测延时也是一个发展趋势。

6. 向数模混合可编程方向发展

迄今为止，PLD 的开发与应用的大部分工作都集中在数字逻辑电路上，在未来几年里，这一局面将会有所改变，模拟电路和数模混合电路的可编程技术将得到发展。目前的在系统可编程模拟电路（In System Programmable Analog Circuit，ISPAC）技术可实现信号调整、信号处理和信号转换 3 种功能。电可编程模拟电路（Electrically Programmable Analog Circuit，EPAC）芯片集中了各种模拟功能电路，如可编程增益放大器、可编程比较器、多路复用器、可编程模数转换器、滤波器和跟踪保持放大器等。

7. 深亚微米技术的发展正在推动片上系统的发展

目前，FPGA 产品正以不同的方式进入系统级芯片（System on Chip，SOC）市场，尝试将标准产品的可靠性和低成本性与 FPGA 的灵活性结合起来。随着深亚微米技术的发展，使系统级可编程芯片（System on Programmble Chip，SOPC）的实现成为可能。目前，Altera 公司、Xilinx 公司都为此努力，开发出适于系统集成的新器件和开发工具，这又进一步促进了 SOPC 的发展。

1.2.4　PLD 主要应用领域和应用前景

随着电子技术的高速发展，今天的 CPLD 和 FPGA 器件在集成度、功能与性能、速度与可靠性方面已经能够满足大多数场合的使用要求。采用 CPLD/FPGA 取代传统的标准集成电路、接口电路和专用集成电路已成为技术发展的必然趋势。目前，PLD 应用主要体现在以下方面。

1. 在电子技术领域的应用

在微型计算机（简称微机）系统中，应用 FPGA/CPLD 可以取代现有的全部微机接口芯片，实现微机系统中的地址译码、总线控制、中断及 DMA 控制、内存管理和 I/O 接口电路等功能。利用 CPLD/FPGA 可以把多个微机系统的功能集成在同一块芯片中，即进行所谓的"功能集成"。

现代通信系统的发展方向是功能更强、体积更小、速度更快、功耗更低。FPGA/CPLD 在集成度、功能和速度上的优势正好满足通信系统的这些要求。所以，现在无论是民用的移动电话、程控交换机、集群电台、广播发射机和调制解调器，还是军用的雷达设备、图像处理、遥控遥测设备以及加密通信机都已广泛地使用 FPGA/CPLD。

2. 在 ASIC 设计中的应用

PLD 器件是在 ASIC 设计的基础上发展起来的。在 ASIC 设计方法中，通常采用全定制和半定制电路设计方法，设计完成后，如果不能满足要求，就得重新设计再进行验证。这样就使得设计开发周期变长，费用增加。与 ASIC 相比，可编程逻辑器件研制周期较短，先期开发费用低，也没有最少订购数量的限制。目前，FPGA/CPLD 的一个重要用途就是用于 ASIC 前道工序的开发及产品调试。

3. 在数字电路实验中的应用

在数字电路实验中，大量使用基本门电路、触发器、中规模集成电路等，如 74 系列。整个数字电路实验课需要准备十几种甚至几十种数字逻辑集成芯片，给器件的选购、管理带来了较大的工作量，也增加了经费开支。如果使用 PLD，在相关实验中可以把 PLD 编程写为各种组合式门电路结构，也可以构成几乎所有的中规模集成电路。

4. 在电气传动中的应用

现代电气传动控制是建立在电力电子变流技术的基础上，复杂的控制算法要依靠 CPU 控制芯片来完成，同时还应保证算法的实时性，因此对 CPU 的负担是极重的。目前，在电气传动中利用 FPGA 实现复杂控制算法的应用也越来越广泛，其优良特性不仅可以解决 CPU 的抗干扰、复位、程序跑飞、程序执行速度慢等缺点，而且还可以将复杂的控制算法装载于一个芯片中，实现片上系统，从而大大缩小了体积。另外，其标准化的设计语言也使得已开发成功的控制算法或系统很容易利用和移植。

5. FPGA 技术在数字信号处理中的应用

随着高速实时数字信号处理技术的应用领域不断扩展，DSP 器件受到运算速度的限制已越发明显。为了弥补高速实时运行的缺陷，更多地借助于 FPGA 的并行处理能力，将其作为协处理器与 DSP 芯片共同构成实时信号处理系统。随着 FPGA 性能的不断提升，用 FPGA 直接构造数字信号实时处理系统，已成为当今和未来数字信号处理技术发展的一个热点，并逐渐显现出其在信号处理应用中的重要地位。

6. FPGA 在数据采集中的应用

在高速数据采集方面，FPGA 具有单片机和 DSP 无法比拟的优势。FPGA 时钟频率高，内部时延小，全部控制逻辑由硬件完成，速度快，组成形式灵活。可以集成外围控制、译码和接口电路, 最主要的是 FPGA 可以采用 IP 内核技术, 通过继承、共享或购买所需的知识产权内核提高开发进度。利用 EDA 工具进行设计、综合和验证, 加速了设计过程, 降低了开发风险, 缩短了开发周期, 更能适应市场。

7. FPGA 在医疗领域的应用

FPGA 的高速、强大的数据处理能力可以应用在医疗器械几乎所有的领域, 如医学影像 (MRI、CT、螺旋 CT、B 超、彩超、X 光机)、治疗设备 (电子加速器、超声聚焦、医用激光、麻醉设备)、临床检验生化分析、心电监护仪器、灭菌设备等。

8. FPGA 技术在汽车电子中的应用

基于 FPGA 技术的汽车电子应用主要包括两方面: 车载数据采集和对电子控制单元硬件的在环仿真。车载数据采集系统, 主要用于记录和分析汽车内的多种传感器信号。应用 FP-GA 技术, 可以对任何传感器信号进行高级信号处理和分析, 创建自定义的 I/O, 来满足仿真条件下对各种信号的需求。这些信号可能来自于用于爆震、火花、发动机位置传感器, 燃油喷射器以及歧管压力的同步信号, 开关、温度、脚踏板、油门、汽车行驶速度的异步信号等。

9. FPGA 在逻辑接口领域的应用

传统的设计中往往需要专用的接口芯片, 比如 PCI 接口芯片。如果需要的接口比较多, 就需要较多的外围芯片, 体积、功耗都比较大。采用 FPGA 后, 接口逻辑都可以在 FPGA 内部来实现了, 大大简化了外围电路的设计。

10. FPGA 在航天遥感器中的应用

FPGA 也是现阶段航天专用集成电路的最佳实现途径。使用商用现成的 FPGA 设计微小卫星等航天器的星载电子系统, 可以降低成本。利用 FPGA 内丰富的逻辑资源, 进行片内冗余容错设计, 是满足星载电子系统可靠性要求的一个好办法。在航天遥感器的设计中, FP-GA 被广泛应用于主控系统 CPU 的功能扩展, CCD 图像传感器驱动时序的产生, 以及高速数据采集。

1.3　现代数字系统设计的开发环境

随着 EDA 技术的迅猛发展, 各种集成开发环境也如雨后春笋般呈现在用户面前, 所使用的开发语言也是种类繁多。

1.3.1　开发环境

PLD 的开发环境一般分为两种, 一种是 PLD 芯片制造商为推广自己的芯片而开发的专业 EDA 软件, 例如 Altera 公司推出的 Quartus Ⅱ 就属于此类; 另一种是 EDA 软件商提供的第三方软件, 例如 Synplify、Synopsys、Viewlogic、Cadence 等, 这些软件可以支持大部分芯片公司的 PLD 器件。下面介绍几种广泛应用的集成开发环境。

1. Synplify

该软件是由 Synplicity 公司专为 FPGA 和 CPLD 开发设计的逻辑综合工具。它在综合优化方面的优点非常突出, 得到了广大用户的好评。它支持用 Verilog HDL 和 VHDL 硬件描述语言的系统级设计，具有强大的行为综合能力。综合后，能生成 Verilog 或 VHDL 网表，以进行功能级仿真。Synplify 的综合过程分为三步：

1）进行语言综合，将硬件描述语言的设计编译成结构单元。

2）采用优化算法对设计进行优化，除去冗余项，提高可靠性与速度。

3）工艺映射，将设计映射为相应的网表文件。

2. Synopsys

该软件是另一种系统综合软件，它因综合功能强大而被广泛使用。Synopsys 综合器的综合效果比较理想，系统速度快，消耗资源少。对系统的优化过程大致分为两步：

1）提出必须满足的设计要求，例如最大延时、最大功耗、最大扇出数目、驱动强度等。

2）提出各种设计约束，一般有反应时间约束、芯片面积约束等。综合器根据设计要求，采用相应算法，力争使综合效果达到最佳。

Synopsys 支持完整的 VHDL 和 Verilog 语言子集。另外，它的元件库包含了许多现成的实现方案，调用非常方便。正是因为这些突出的优点，Synopsys 逐渐成为设计人员普遍接受的标准工具。

3. ispDesignEXPERT

该软件是 Lattice 公司专为本公司的 PLD 芯片开发设计的软件，它的前身是该公司的 Synario、ispEXPERT。ispDesignEXPERT 是完备的 EDA 软件，支持系统开发的全过程，包括设计输入、设计实现、仿真与时序分析、编程下载等。

ispDesignEXPERT 包括 3 个版本：Starter 版适合初学者学习，可以免费下载；Base 版为试用版。Advanced 版是专业设计版，支持该公司的各种系列器件，功能全面。其中，前两种版本的设计规模都低于 600 个宏单元。

4. MAX + plus Ⅱ

该软件是 Altera 公司专为本公司的 PLD 芯片开发设计的软件。该软件功能齐全，使用方便，易懂好学，曾经是最广为接受的 EDA 工具之一。但随着 PLD 资源的不断丰富，特别是 SOPC（System on Programmable Chip）的发展需要，目前基本已被 Quartus Ⅱ 完全取代。

5. Quartus Ⅱ

该软件也是 Altera 公司为本公司的 PLD 芯片开发设计的软件。它比 MAX + plus Ⅱ 支持的器件更全面，特别包括 Altera 公司的超高密度的芯片系列——APEX 系列器件。Quartus Ⅱ 可开发的单器件门数达到了 260 万门，特别适合高集成的大型系统的开发设计。

1.3.2 硬件描述语言

硬件描述语言（Hardware Description Language，HDL）是电子系统硬件行为描述、结构描述、数据流描述的语言。利用这种语言，数字电路系统的设计可以从顶层到底层，从抽象到具体，逐层描述自己的设计思想，用一系列分层次的模块来表示极其复杂的数字系统。然后，利用 EDA 工具，逐层进行仿真验证，再把其中需要变为实际电路的模块组合，经过自动综合工具转换到门级电路网表，进而转换为下载所需的数据文件。据统计，目前在美国硅谷有 90% 以上的 ASIC 和 FPGA 采用硬件描述语言进行设计。

HDL 的发展至今已有 20 多年的历史,并成功地应用于设计的各个阶段,包括建模、仿真、验证和综合等。到 20 世纪 80 年代,已出现了上百种硬件描述语言,对电子设计自动化起到了极大的促进和推动作用。但是,这些语言一般各自面向特定的设计领域和层次,而且众多的语言使用户无所适从。因此,急需一种面向设计的多领域、多层次并得到普遍认同的标准硬件描述语言。20 世纪 80 年代后期,VHDL 和 Verilog HDL 适应了这种趋势的要求,先后成为 IEEE 标准。

随着系统级 FPGA 芯片的出现,软硬件协调设计和系统设计变得越来越重要。传统意义上的硬件设计越来越倾向于与系统设计和软件设计相结合。为适应新的情况,出现了很多新的硬件描述语言,如 Superlog、SystemC、Cynlib 等。

思 考 题

1. 当前常用的可编程逻辑器件有哪几种?有何区别?实际应用中如何选择?
2. 现在数字系统在各个应用领域能够发挥哪些作用?
3. 可编程逻辑器件经历了怎样的发展过程?
4. 进行现代数字系统设计需准备哪些硬件设备,并掌握哪些技术知识?
5. 集成开发环境在现代数字系统设计中起什么作用?

第 2 章 硬 件 基 础

2.1 可编程逻辑器件分类

1. 按照集成度分类

集成度是集成电路一项很重要的指标，如果从集成密度上分类，可分为低密度可编程逻辑器件和高密度可编程逻辑器件。通常，以单个芯片中集成门电路的数量在 500 ~ 600 门作为区分 HDPLD 和 LDPLD 的标准。按照这个标准，PROM、PLA、PAL 和 GAL 器件属于 LD-PLD 可编程器件，而 CPLD 和 FPGA 属于 HDPLD。

2. 按照互连结构分类

按照互连结构可将 PLD 分为确定型和统计型两类。确定型 PLD 是指互连结构每次用相同的互连线实现布线，所以线路的时延是可以预测的，这类 PLD 的定时特性常常可以从数据手册上查阅。这种基本结构大多为"与或阵列"的器件，包括简单 PLD 器件（PROM、PLA、PAL 和 GAL）和 CPLD。目前除了 FPGA 器件外，基本上都属于这一类结构。确定型 PLD 是通过修改具有特定内部电路的逻辑功能来编程。

统计型结构的典型代表是 FPGA。它是指设计系统每次执行相同功能，都能给出不同的布线模式，一般无法确切地预知线路的时延。所以，设计系统必须允许设计者提出约束条件，如关键路径的时延。统计型结构的可编程器件主要通过改变内部连线的布线来编程。

3. 按照编程方式分类

（1）熔丝或反熔丝开关

熔丝（Fuse）开关是最早的可编程元件，由熔丝组成。在需要编程的互连节点上设置相应的熔丝开关。在编程时，需要保持连接的节点保留熔丝，需要去除连接的节点熔丝用电流熔断，最后留在器件内的熔丝模式决定相应的器件逻辑功能。它是一次可编程器件，缺点是占用面积大，要求大电流，难于测试。使用熔丝开关技术的可编程 ASIC 器件包括 PROM、PAL 和 Xilinx 的 XC5000 系列器件等。

反熔丝元件克服了熔丝元件的缺点，编程元件的尺寸和性能都有显著的改善。反熔丝开关通过击穿介质达到连通线路的目的。反熔丝占用硅片面积小，有利于提高芯片的集成度。

（2）浮栅编程技术

浮栅编程技术包括紫外线擦除、电编程的 UVEPROM，以及电编程的 E^2PROM 和闪速存储器（Flash Memory）。它们都用悬浮栅存储电荷的方法来保存编程数据。所以在断电时，存储数据不会丢失。GAL 和大多数 CPLD 都用这种方式编程。

（3）SRAM 配置存储器

使用静态存储器 SRAM 存储配置数据，称配置存储器。主流的 FPGA 主要采用这种编程结构。这种 SRAM 配置存储器具有很强的抗干扰性。与其他编程元件相比，具有高密度和高可靠性的特点。

4. 按照可编程特性分类

从可编程特性上可分为一次可编程和重复可编程两类。由于熔丝或反熔丝器件只能写一次，所以称一次性编程器件器件，其他方式编程的器件均可以多次编程。一次可编程的典型产品是 PROM、PAL 和熔丝型 FPGA。在重复可编程的器件中，用紫外线擦除的产品的编程次数一般在几十次的量级，采用电擦除方式的次数稍多些，采用 E^2CMOS 艺的产品，擦写次数可达千次，而采用 SRAM（静态随机存取存储器）结构，则被认为可实现无限次的编程。

2.2 Altera PLD 系列及特性

目前，生产可编程器件的厂家主要有 Xilinx、Altera、Lattice、Actel、AT 公司等。Altera 作为世界老牌可编程逻辑器件的厂家，是可编程逻辑器件的发明者，集成开发软件包括 MAX + Plus Ⅱ 和 Quartus Ⅱ。其主要的 CPLD 产品有 MAX3000/5000/7000/9000、Classin Excalibur 和 Stratix 系列、Cyclone 系列等。Altera 的主流 FPGA 分为两大类，一类侧重低成本应用，容量中等，性能可以满足一般的逻辑设计要求，如 Cyclone、Cyclone Ⅱ；另一类侧重于高性能应用，容量大，以满足各类高端应用，如 Startix、Stratix Ⅱ 等。用户可以根据要求进行选择。Altera 的主流产品特性如下。

1. MAX Ⅱ 系列特性

- 0.18μm Falsh 工艺，FPGA 结构，配置芯片集成在内部，上电即可工作。
- 低功耗、低成本体系结构。
- 高性能，支持高达 300 MHz 的内部时钟频率。
- 板上振荡器和用户闪存。
- 不需要分立振荡器或者非易失存储器，减少了芯片数量。
- 实时在系统编程能力。
- 灵活的 MultiVolt 内核，片内电压稳压器支持 3.3V、2.5V 和 1.8V 供电。

2. Cyclone 系列特性

- 0.13μm 工艺，1.5V 内核供电，全新的配置芯片。
- 新的可编程体系结构，实现低成本设计。
- 嵌入式存储器资源，支持多种存储器的应用和数字信号处理的实现。
- 专用外部存储器接口电路，支持与 DDR FCRAM 和 SDRAM 器件以及 SDR SDRAM 的连接。
- 支持串行总线和网络接口以及多种通信协议。
- 片内和片外系统时序管理使用嵌入式 PLL。
- 支持单端 I/O 标准和差分 I/O 技术，LVDS 信号数据速率高达 640Mbit/s。
- 支持 Nios Ⅱ 系列嵌入式处理器。
- 采用新的、低成本串行配置器件。
- Quartus Ⅱ 软件开源评估特性支持免费的 IP 功能评估。

- Quartus Ⅱ 网络版软件的免费支持。

3. MAX7000 特性

- 使用 CMOS 的 E^2PROM 单元实现逻辑功能。用户可配置的架构，可兼容 MAX 7000A 的多种功能。
- 支持 GTL + 、SSTL - 2、SSTL - 3 和 64 位 66MHz PCI 接口的高级 I/O。
- 包含 32 ~ 512 个宏单元组合进入 16 宏单元组，每个宏单元有一个可编程的与或阵列和一个可配置的可编程时钟。
- 可编程的速度/功率优化，降低了输出缓冲器的转换率。
- 输出驱动器可设置为 2.5 V 或 3.3 V，输入引脚为 2.5V、3.3V 和 5.0V 的混合电压系统。
- 封装形式为四角扁平封装（QFP）和节省空间的 1.0mm FineLine BGA® 封装。

2.3 典型复杂可编程逻辑器件结构

2.3.1 可编程逻辑器件的基本结构

1. PLD 的电路表示法

在设计、分析、绘制数字逻辑电路时，常常用一些图形符号来表示。这些表示方法对研究由中小规模集成标准器件组成的数字逻辑电路是非常有效的，但这种表示方法很难描述 PLD 的内部电路。下面介绍的逻辑表示法已为广大 PLD 器件厂家和使用者采用。

PLD 输入缓冲器和反馈缓冲器都采用互补输出的结构。对于这种互补输出的缓冲器结构，其表示法如图 2-1 所示。PLD 中采用与门和或门两种基本的门电路。一个门可以有多个输入，仅有一个输出。一个 3 输入端与门的传统表示法和 PLD 表示法如图 2-2 所示，即 D = A · B · C，习惯上把 A、

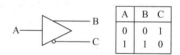

A	B	C
0	0	1
1	1	0

图 2-1 PLD 缓冲器表示方法

B、C 称为输入项，而把与门的输出 D 称为乘积项（Product Term，PT）。或门也可以用类似的表示法。

在 PLD 中，对阵列各交叉点上的连接方式有 3 种表示法，如图 2-3 所示。其中，实点连接表示硬线连接，也就是固定连接，这种硬线连接是不可编程的；"×"连接表示可编程连接，这个连接可以经过编程改动；交叉点处无"×"和实点，表示无任何连接。

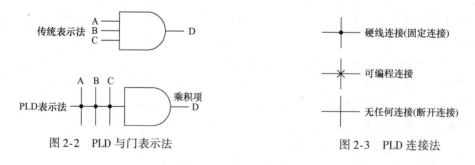

图 2-2 PLD 与门表示法

图 2-3 PLD 连接法

图 2-4 所示是 PLD 中与门的默认情况表示法。输出 D 的与门连至全部输入项，所以 $D = AA'BB' = 0$。这一结果表明：一个给定输入缓冲器的原码和反码输出都连至一个乘积项上，将使该乘积项的值为 "0"。这种状态称为与门的默认（Default）状态。在以后要叙述的编程过程所形成的 "熔丝图"（Fuse Map）中，默认部分就隐含着这种状态。为了方便起见，对于这种全部输入项接入的默认状态，常简单地在对应的与门中划一个 "×"，以代表各输入项都是连通的，如图 2-3 中第二个与门所

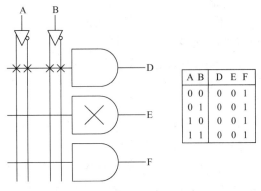

图 2-4　PLD 与门默认情况表示法示例

示，因此 $E = D = 0$。要注意，它们与 F 是截然不同的。乘积项 F 与任何输入项都不接通，这是浮动输入状态的逻辑表示，与门输出为 "1" 状态。

图 2-5 所示是一个可编程或阵列，其构成原理与可编程的与阵列相同。或阵列的输入常常是与阵列的乘积项输出。

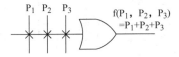 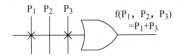

图 2-5　可编程或阵列的 PLD 表示

在了解了上述 PLD 电路表示法以后，我们就来用这种表示法描述一个简单的 PLD 逻辑电路。如图 2-6 所示，图 a 电路是采用熔丝工艺的 PLD 器件局部电路的表示法，其中 $F_1 \sim F_8$ 是熔丝。图 b 电路是对应的 PLD 表示法，其中与熔丝所连接的点是可编程的，编程后，熔丝被熔断，就以断开表示；熔丝未熔断，就以 "×" 表示。图 c 为编程后系统输出为 OUTPUT $= I_1 I_2' + I_1' I_2$

2. 逻辑阵列的 PLD 表示法应用举例

所有 PLD 器件的共同之处是包含一个由与门和或门构成的 "与或阵列"，而且这种结构对逻辑设计也非常方便，它可以直接实现与或形式的逻辑函数。

与或表达式是布尔代数的常用表达形式，所有的逻辑函数均可以用与或表达式描述。在数字电路课程中，大家已经学过如何利用卡诺图、摩根定理等将真值表或其他形式的逻辑函数转换成与或表达式的方法。

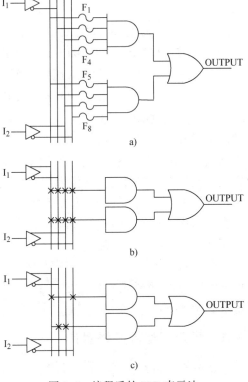

图 2-6　编程后的 PLD 表示法

15

　　与或阵列的结构可以通过改变与或阵列的连接实现不同的逻辑功能。无论改变与阵列的连接，还是改变或阵列的连接都可以使所实现的逻辑函数发生变化。根据这种区别，可以将与或阵列划分为以下3种形式。

　　1）与阵列固定、或阵列可编程的与或阵列。PROM 器件采用这种形式。

　　2）与阵列可编程、或阵列固定的与或阵列。PAL、GAL、EPLD 和 CPLD 器件采用这种形式。

　　3）与阵列和或阵列均可编程的与或阵列。PLA 器件采用这种形式。

　　随着 PLD 器件研究的深入，第一种和第三种形式的与或阵列结构暴露出一定的缺陷。第一种结构的器件在输入数目增加时，与阵列的输出信号线数目以 2 的级数增加；第三种结构的器件制造工艺复杂，器件工作速度慢，这两类结构的器件处于被淘汰的边缘。相对来说，第二种形式具备一定的技术优势，是 PLD 目前发展的主流。

　　与阵列可编程或阵列固定的与或阵列结构如图 2-7 所示。在图中，左边部分为与阵列，右边部分为或阵列，在交叉点上的"×"符号表示可编程连接，实点表示固定连接。输入信号通过缓冲器提供输入信号的原变量和反变量。对应的输入变量通过交叉点上的可编程连接加到函数的与或表达式的乘积项中。与阵列可以产生多个乘积项，乘积项输出通过固定连接加到或阵列的输入线上，完成函数的或运算。

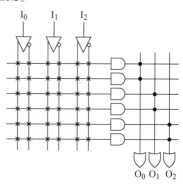

图 2-7　与阵列可编程或阵列
固定的与或阵列结构

　　下面以全加器为例，说明与或阵列实现逻辑函数的原理。

　　全加器的输入变量为加数 A_n、被加数 B_n 和低位进位 C_n，输出变量为和数 S_n 及进位数 C_{n+1}。全加器经过化简的最简与或表达式的逻辑方程如下：

$$S_n = A_n'B_n'C_n + A_n'B_nC_n' + A_nB_n'C_n' + A_nB_nC_n$$

$$C_{n+1} = A_nB_n + A_nC_n + B_nC_n$$

　　这个函数可以用一个 3 输入、2 输出的与或阵列实现，如图 2-8 所示。

　　与或阵列的与阵列输入线、乘积项、或门输出线等资源在具体器件内是有限的，被称为 PLD 的资源。用 PLD 实现逻辑函数时，器件资源的限制是对设计的约束条件之一。在全加器例子中，使用的资源的 3 根与阵列输入线、7 个乘积项和 2 个四输入或门。

　　与或阵列在 PLD 器件中只能实现组合电路功能，PLD 器件的时序电路功能则由包含触发器或寄存器的宏单元实现。

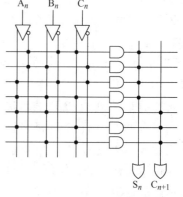

图 2-8　与或阵列实现的全加器

2.3.2　复杂可编程逻辑器件

　　复杂可编程逻辑器件（Complex Programmable Logic Device，CPLD）中包含 3 种逻辑资

源：可编程逻辑宏单元、可编程 I/O 单元、可编程内部互连资源。典型的 CPLD 有 Altera 公司的 MAX Ⅱ 系列器件、Lattice 公司的 isp/PLSI 系列器件等。下面以 Altera 公司的 MAX Ⅱ 系列器件为例，讲解 CPLD 的结构。

　　MAX Ⅱ 系列器件包含一个二维行和列的架构来实现自定义逻辑。行和列互连提供在逻辑阵列块（Logic Array Block，LAB）之间的信号互连。逻辑阵列由 LAB 组成，每个 LAB 包含 10 个逻辑单元（Logic Element，LE）。LE 是一个能够高效实现用户逻辑功能的最小逻辑单元。LAB 在器件中按照行列进行分组。多轨互连提供了 LAB 间的快速定时延时。LE 之间的快速布线为全局互连提供了最小延时。

　　MAX Ⅱ 器件的 I/O 引脚通过 I/O 单元（I/O Element）分布在 LAB 终端，LAB 环绕在器件的外设四周。每个 I/O 单元包含一个 I/O 双向缓冲器，I/O 端口支持施密特输入和多种单端标准接口输入，例如 66MHz、32 位的 PCI 和 LVTTL。

　　MAX Ⅱ 器件提供了一个全局时钟网络。全局时钟网络包含 4 个全局时钟，这 4 个全局时钟驱动整个器件。全局时钟也可以用作控制信号，如清除、复位和输出使能等。MAX Ⅱ 系列器件的内部结构如图 2-9 所示。

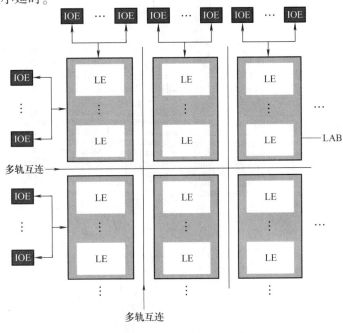

图 2-9　MAX Ⅱ 内部结构图

1. 逻辑阵列块

　　LAB 是实现逻辑功能的基本单元。其内部结构如图 2-10 所示。

　　每个 LAB 包含 10 个 LE、LE 进位链、LAB 控制信号、本地互连、一个查找表 LUT 链和一个寄存器链连接线。在同一个 LAB 中，有 26 个专用输入信号和 10 个本地反馈信号。在同一个 LAB 中的两个 LE 之间，有局部互连传输信号。LUT 链将一个 LE 的 LUT 输出快速传输到同一个 LAB 中相邻的 LE 中。寄存器链将一个 LE 的寄存器输出快速传输到同一个 LAB 中的相邻的 LE 寄存器。

2. LAB 互连

　　LAB 局部互连能够驱动同一个 LAB 的 LE。LAB 的局部互连也能够被同一个 LAB 的行列互连以及 LE 的输出所驱动。相邻的 LAB 通过直连连接也能够驱动一个 LAB 的局部互连。直连连接特性减少了行列互连的应用，可以提供更高的性能和更大的灵活性。每个 LE 通过直连连接和局部互连能够驱动其他 30 个 LE。直连连接如图 2-11 所示。

3. 逻辑单元

　　LE 是 MAX Ⅱ 系列器件中最小的逻辑单元。LE 结构图如图 2-12 所示。

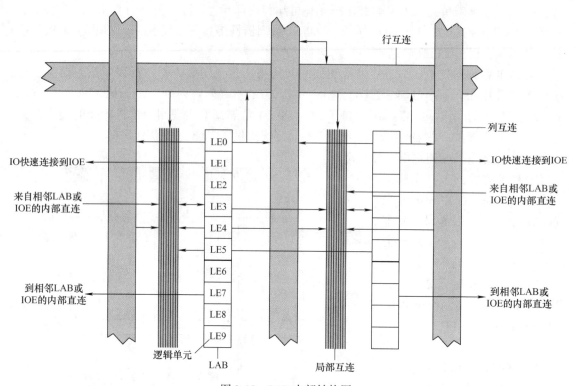

图 2-10　LAB 内部结构图

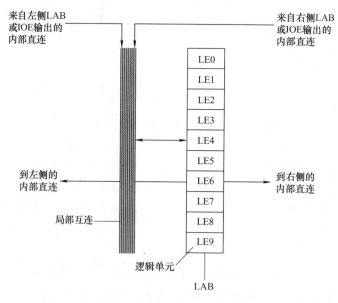

图 2-11　直连连接结构图

　　每个 LE 包含一个 4 输入 LUT，每个 LUT 都是一个函数发生器，可以实现 4 个变量的任何函数。此外，每个 LE 还包含一个可编程寄存器和一个具有进位选择能力的进位链。单个 LE 也支持由 LAB 控制信号选定的一位动态加法或减法模式。每个 LE 能够驱动所有类型的

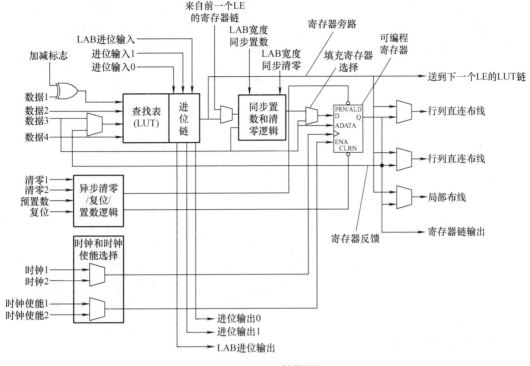

图 2-12　LE 结构图

互连，包括局部、行、列、LUT 链、寄存器链和直连连接。

每个 LE 的可编程寄存器都能够配置成 D、T、JK 或 SR 形式。每个寄存器都有数据、异步导入数据、时钟、时钟使能、清除和异步导入/预设输入。全局信号、通用 I/O 和任何 LE 都能驱动寄存器的时钟和清除控制信号。通用 I/O 引脚或 LE 能够驱动时钟使能、预设、异步加载和异步数据。对于组合逻辑功能，LUT 绕过寄存器直接驱动 LE 的输出口。

每个 LE 有 3 个能驱动局部、行、列布线资源的输出。这 3 个输出能够被 LUT 或寄存器输出独立驱动。两个 LE 输出驱动行列、直连布线连接和一个局部互连驱动器，允许在寄存器驱动一个输出的同时，LUT 驱动另一个输出。由于器件能够用寄存器和 LUT 实现非相关功能，器件的利用率得到提高。

4. 全局信号

每个 MAX II 器件有 4 个专用时钟引脚 GCLK [3..0]，用于驱动全局时钟网络。全局时钟信号源如图 2-13 所示。这 4 个引脚不仅可以用于全局时钟，也可以当作通用 I/O 口使用。

4 个全局时钟信号贯穿于整个器件，为包括 LE、LAB 局部互连、I/O 模块和 UFM 模块在内的所有资源提供时钟。全局时钟信号也能被用作全局控制信号，例如时钟使能、同步或异步清零、预设值、输出使能或协议控制等。

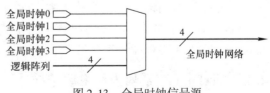

图 2-13　全局时钟信号源

5. I/O 结构

I/O 逻辑单元位于 I/O 块周围的 MAX II 器件的外围。每行 I/O 模块最多有 7 个 I/O 单元，每列 I/O 模块最多有 4 个 I/O 单元。每一列或行的 I/O 模块与相邻的 LAB 的接口在整个器件上实现互连，以分配信号。行 I/O 模块驱动的行、列或直接互连，列 I/O 块驱动列互连。I/O 结构如图 2-14 所示。

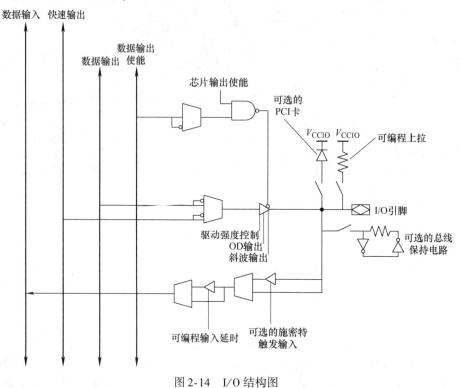

图 2-14　I/O 结构图

2.4　典型现场可编程门阵列结构

FPGA 采用了逻辑单元阵列（Logic Cell Array，LCA）结构，内部包括可配置逻辑模块（Configurable Logic Block，CLB）、输入输出模块（Input Output Block，IOB）和内部连线 IC（Interconnect）3 个部分。不同于 CPLD 的典型与或阵列结构，FPGA 利用查找表来实现组合逻辑功能，每个查找表的输出连接到一个 D 触发器的输入端，再由触发器驱动其他逻辑电路或 I/O 端口，由此构成了既可实现组合逻辑功能又可实现时序逻辑功能的基本逻辑单元模块。FPGA 的逻辑是通过向内部静态存储单元加载编程数据来实现的，存储器单元中的数据，决定了逻辑单元的逻辑功能以及各模块之间或模块与 I/O 之间的连接方式，并最终决定了 FPGA 所实现的功能。FPGA 允许无限次的编程。

Cyclone Ⅳ 属于当前 Altera 公司新型的主流 FPGA 系列之一。Cyclone Ⅳ 系列 FPGA 是 Cyclone 系列 FPGA 的延续，旨在为市场提供最低价格、最低功耗的 FPGA。

2.4.1　Cyclone Ⅳ系列内部主要结构

1. 内核结构

Cyclone Ⅳ 器件支持相同的内核结构，该结构包含由 4 输入查找表（LUT）、存储块和乘法器组成的 LE。每个 Cyclone Ⅳ 器件的 M9k 存储块提供 9kbit 嵌入式 SRAM 存储器，如同

FIFO 缓冲器或 ROM 一样，可以将 M9K 存储块配置成单端口和双端口 RAM，也可以配置成任意数据宽度，如表 2-1 所示。

表 2-1　Cyclone Ⅳ 系列 M9k 数据宽度

模　式	数据宽度配置
单口或单端双口	×1，×2，×4，×8/9，×16/18，×32/36
双口	×1，×2，×4，×8/9，×16/18

Cyclone Ⅳ 器件的乘法器结构与现存 Cyclone 系列器件一样，单个嵌入式乘法块能完成一次 18×18 或两个 9×9 乘法运算。Altera 提供整套 DSP IP，包括 FIR、FFT、NCO。

2. I/O 特性

Cyclone Ⅳ 器件 I/O 支持可编程总线保持、可编程上拉电阻、可编程延时、可编程驱动强度、可编程转换率控制和热插拔。Cyclone Ⅳ 器件支持标准的片上串行终端（Rs OCT）或符合单端 I/O 标准的驱动器匹配阻抗（Rs）。在 Cyclone Ⅳ GX 中，高速收发 I/O 位于器件的左侧区域，器件的上下和右侧用于实现通用 I/O。表 2-2 列出了 Cyclone Ⅳ 器件支持的 I/O 标准。

表 2-2　Cyclone Ⅳ 器件系列支持的 I/O 标准

类　型	I/O 标准
单端 I/O	LVTTL，LVCOMS，SSTL，HSTL，PCI，PCI - X
差分 I/O	SSTL，HSTL，LVPECL，BLVDS，LVDS，mini - LVDS，RSDS，PPDS

3. 时钟管理

Cyclone Ⅳ 器件包含高达 30 个全局时钟网络（GCLK）和高达 8 个锁相环（PLL），每个锁相环有 5 个输出，能够提供强大的时钟管理和综合。可在用户模式下动态重配置 Cyclone Ⅳ 器件锁相环，以改变时钟的频率或相位。

Cyclone Ⅳ GX 器件支持两种类型的锁相环：多用途锁相环和通用锁相环。

1）多用途锁相环左收发模块时钟在不用于收发模块时，可作为通用时钟。

2）通用锁相环在内核和外设上可通用，例如外部存储器接口，其中部分通用锁相环也支持收发器时钟。

4. 外部存储器接口

在器件的上、下和右侧，Cyclone Ⅳ 支持 SDR、DDR、DDR2 SDRAM 和 QDRII SRAM 接口，而 Cyclone Ⅳ E 器件的左侧也支持以上接口。接口可以横跨器件的两个或两个以上的区域，以实现更加灵活的线路设计。Altera® DDR SDRAM 接口包含一个 PHY 接口和一个存储器控制器。Altera 支持一个 PHY IP，可以用来连接用户存储器控制器或者一个 Altera 存储器控制器。Cyclone Ⅳ 器件支持使用 DDR 和 DDR2 SDRAM 接口的错误检测代码位。

5. 配置

Cyclone Ⅳ 器件用 SRAM 单元存储配置数据。每次上电，配置数据都要被下载到 Cyclone Ⅳ 器件中。低成本配置方案包括 Altera EPCS 系列串行 Flash 存储器和并行 Flash 存储器。这些方案为通用应用提供了灵活性，并能够满足专用配置和对唤醒时间有要求的应用。表 2-3 列出了 Cyclone Ⅳ 器件支持的配置方式。

表 2-3 Cyclone Ⅳ 器件支持的配置方式

器 件	支持的配置方案
Cyclone Ⅳ GX	AS, PS, JTAG, FPP
Cyclone Ⅳ E	AS, AP, PS, FPP, JTAG

注意，FPP 配置方式只支持 EP4CGX30F484 和 EP4CGX50/75/110/150 几种器件。所有的收发 I/O 端口都支持 IEEE 1149.6（AC JTAG），其他端口支持 IEEE 1149.1（JTAG）做边界扫描测试。

6. 逻辑单元

逻辑单元（Logic Elements，LE）是 Cyclone 系列器件内部结构的最小逻辑单元，简洁的 LE 为有效的逻辑应用提供了强有力的功能支撑。LE 的内部结构如图 2-15 所示，每个逻辑单元有如下特征：

- 一个 4 输入查找表（LUT），它可以实现 4 个变量的任何函数。
- 一个可编程寄存器。
- 一个进位链连接。
- 一个寄存器链连接。
- 驱动以下互连的能力：局部、行、列、寄存器链、直连。
- 支持寄存器封装。
- 支持寄存器反馈。

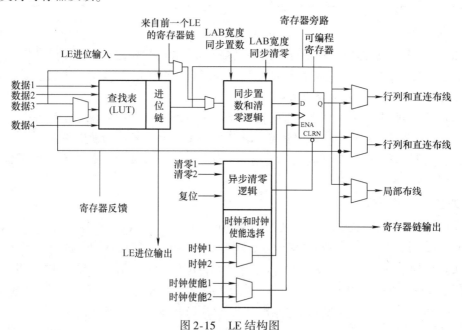

图 2-15 LE 结构图

每个 LE 的可编程寄存器都可以配置成 D、T、JK 或 SR 寄存器操作，每个寄存器都有数据输入、时钟输入、时钟使能和清零输入。用全局时钟网络、通用 I/O 口（GPIO）或任何内部逻辑都能够驱动寄存器的时钟和清零控制信号。通用 I/O 信号或内部逻辑能够驱动时钟使能。对于组合电路功能，LUT 输出能够绕过寄存器直接驱动 LE 的输出。每个 LE 有 3 个输出，可用来驱动本地、行和列布线资源。LUT 或寄存器可独立驱动 LE 的 3 个输出。LE 的 3 个输出中，有两个输出驱动列、行和直接链接布线连接，而另一个输出驱动局部互连资源。这样可以使 LUT 在驱动 LE 的一个输出的同时，寄存器驱动 LE 的另一个输出。这种特性被称作寄存器封装（Register Packing），它能够提高器件的使用效率，因为器件可以用寄存器和 LUT 同时实现毫无关联的功能。在用寄存器封装时，LAB 同步置数控制信号不可用。

寄存器反馈模式下，寄存器的输出能够反馈到同一个 LE 的 LUT。除了 3 个通用布线输出以为，在一个 LAB 中的 LE 有寄存器链输出，允许同一个 LAB 的寄存器级联。寄存器链输出允许 LUT 用于组合函数和寄存器用于不相关的移位寄存器功能。这些资源在节约局部互连资源的同时提高了两个 LAB 之间的互连速度。

7. 逻辑阵列块

每个逻辑阵列块（LAB）包含一组 LE，每个逻辑阵列块包含以下特征：

- 16 个 LE。
- LAB 控制信号。
- LE 阵列链。
- 寄存器链。
- 局部互连。

局部互连在同一个 LAB 的 LE 间传递信号。在一个 LAB 中，寄存器链能够把一个 LE 寄存器的输出连接到相邻的 LE 寄存器中。Quartus Ⅱ 编译器可以把相关的逻辑置于同一个或相邻的 LAB 中，以允许局部应用和寄存器链连接，达到优化性能和面积的目的。Cyclone Ⅳ 系列 LAB 结构如图 2-16 所示。

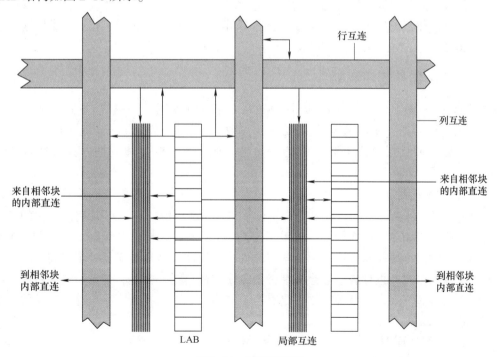

图 2-16　LAB 结构图

　　LAB 局部互连由行列互连和同一 LAB 中 LE 的输出驱动。相邻的 LAB、锁相环（PLL）、M9K RAM 和左右嵌入式乘法器也都能够通过直连（Direct Link Connection）驱动一个 LAB 的局部互连。直连特性减少了行列互连的使用，可以提供更高的性能和灵活性。每个 LE 通过快速局部互连和直连能够驱动高达 48 个 LE。直连结构如图 2-17 所示。

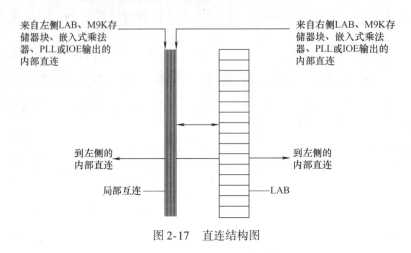

图 2-17　直连结构图

8. I/O 接口单元

　　Cyclone Ⅳ I/O 单元（IOE）包含一个双向 I/O 缓冲区和 5 个寄存器，其中，这 5 个寄存器可用作寄存器输入、输出、输出使能信号和完成嵌入式双向单数据传输。I/O 引脚支持各种标准的单端和差分输入输出。IOE 包含一个输入寄存器、两个输出寄存器和两个输出使能（OE）寄存器。两个输出寄存器和两个输出使能寄存器可用作 DDR 使用。可以用输入寄存器快速设置时间，用输出寄存器快速锁定输出时间。此外，还可以用输出使能寄存器实现快速输出时钟使能。IOE 还可以用来作输入、输出和双向数据通道使用。单端数据速速率（Single Data Rate，SDR）模式下的 I/O 结构如图 2-18 所示。

2.4.2　FPGA 器件选用规则

　　基于 FPGA 的现代数字系统的设计，FPGA 的选型非常重要，不合理的选型会导致一系列的后续设计问题，有时甚至会造成设计失败，延缓产品上市。合理的选型不仅可以避免设计问题，而且还可以提高系统的性价比，延长产品的生命周期，获得良好的经济价值。

1. 选 FPGA 厂商

　　选择合适的 FPGA 芯片，首先选择合适的 FPGA 芯片厂商。一般可以根据以往的经验和实际条件，比如沿用单位或实验室一贯采用的 FPGA 厂商，如果已经对某个厂家的 FPGA 产品比较熟悉，建议不要轻易更换。因为学习软件和了解芯片结构是需要一定时间的，而且也会引入一些设计风险。设计者一般会有惯性思维，往往会把一些经验带到新的项目中，而实际上不同厂商的芯片在设计细节方面还是有所不同的。如果是在新产品设计的初始阶段选择 FPGA 厂商，可以兼顾以下的几个原则：

　　1）要求的开发周期短，一般可以多考虑 Altera 或者 Xilinx 产品。

　　2）如果产品已经设计完成，需要提高保密性和稳定性，可以考虑 Lattice、QuickLogic 或

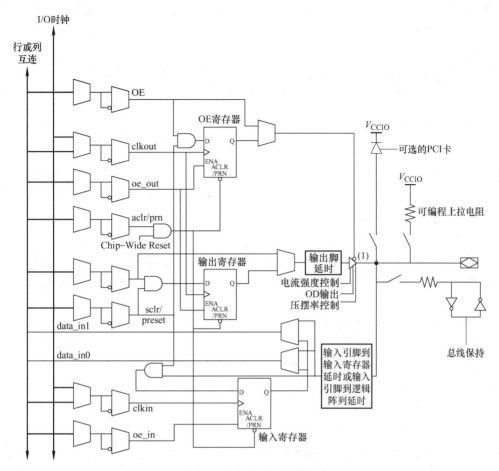

图 2-18 双向 I/O 配置结构图

者 Actel 公司的反熔丝类型或者 Flash 类型的 FPGA。

3）如果需要很强的抗干扰能力，工作环境十分恶劣，如航空航天，一般选 Actel 公司的产品。

4）优先选择货源充足的主流型号，最大限度地延长所设计产品的生命周期。

5）不同厂家都提供了不同的集成开发环境，其中应用范围最广，用户群体最大的当属 Altera 公司的 Quartus Ⅱ 和 Xilinx 公司的 ISE。因此，在不是对其他厂家开发环境和产品十分熟悉的情况下，建议优先选择这两个厂家的产品。

2. 确定具体型号

（1）封装

封装主要在于选择引脚的数目，如果引脚够用，则尽量选择表贴封装，如 TQFP 或者 QFP 的。而 BGA 封装的芯片，焊接成本高、布线困难、测试性降低，一般应尽量避免选用。例如，对于 Cyclone 系列的 FPGA，EP1C12 就有 F324 和 Q240 两种封装，前者是 BGA 的，后者是 PQFP 的。如果 150 个用户 I/O 对设计已经足够，那么最好选择后者，两层板就可以做下来，而 F324 封装的最少要 4 层板。但是，如果需要芯片集成度高，且对 PCB 体积又不能太大的应用场合，尽量选用 BGA 和 FBGA 封装器件。还有一种情况，在高速应用场合，最好选用 BGA 和 FBGA 封装器件，因为这两种封装器件引脚引线电感和分布电容比较小，有利于高速电路的设计。

（2）资源

在设计的初始阶段，无法估计规模大小，所有一般需要根据经验来选择。据 Altera 公司推荐，设计中最好能预留 30% 以上的逻辑资源、20% 以上的 I/O 资源和 30% 以上的布线资源。一般来说，相同的封装会有不同的容量，比如 Cyclone 系列的 PQFP240 封装，就有 1C6 和 1C12 两个型号，资源相差 1 倍以上。那么实验阶段就可以先用 1C12 做实验，将来再改用 1C6，PCB 不用重新设计。资源包括逻辑资源和存储资源，选择芯片时，不仅要考虑逻辑资源够用，还要保证存储资源够用。假如设计用了 1000 个 LE，200kbit 的存储器，如果从逻辑资源考虑，EP1C6 就足够了，有接近 6000 个 LE，但是 M4k 的容量确不能满足要求。如果不想更改设计，就必须选择 EP1C12 了。

（3）升级性

为了以后增加功能或者升级性能，在 FPGA 设计好之后，必须留有一定的升级空间。比如目前的设计用了 70% 的芯片资源，那么就必须考虑是否能够满足将来的需要。

2.5　PLD 的一般设计流程

采用可编程逻辑器件完成现代数字系统设计，一般可分为 4 个步骤：设计输入、设计实现、系统仿真和编程下载。其流程如图 2-19 所示。

1. 设计输入

设计输入就是设计人员将所设计的数字电路以集成开发环境所要求的某种形式输入到相应的开发环境中。设计输入有多种表达方式，主要包括原理图输入、硬件描述语言输入、网表输入和波形输入等。其中最常用的是原理图输入和硬件描述语言输入。

（1）原理图输入

原理图是图形化的表达方式，它是利用开发环境、第三方或开发人员自身所提供的元器件符号进行连线来描述设计。其特点是比较直观，便于进行接口设计和引脚锁定，容易理解和进行仿真，便于信号的观察和电路的调整，系统运行速率较高。但一般只适用于电路结构非常清晰，且要实现的数字系统电路相对比较简单的设计，当描述复杂电路时则比较烦琐，耗时、费力，成功率较低，而且不容易实现较高的性能。

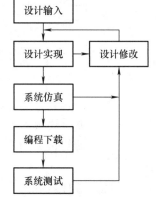

图 2-19　现代数字系统的设计流程

（2）硬件描述语言输入

硬件描述语言输入是采用文本方式描述设计，这种方式的描述范围较宽，从简单的门电路到复杂的数字系统均可描述。特别是在描述复杂设计时，非常简洁，易于实现和调试。但这种描述方式不适合描述接口和连接关系，并且该输入方式需要依赖综合器进行综合优化。对于大规范的、易于语言描述、易于综合、速率较低的电路，可采用这种输入方式。常用的硬件描述语言有 Verilog HDL、VHDL。

2. 设计实现

设计实现主要是利用 PLD 集成开发环境，依据设计输入文件自动生成用于器件编程、波形仿真及延时分析等所需的数据文件。此部分对开发系统来说是核心部分，但对于用户来说并不用关心它的实现过程。当然，设计者也可通过设置"设计实现策略"等参数来控制设计实现过程。设计实现主要完成以下 4 个相关任务。

（1）优化和合并

优化是指进行逻辑化简，把逻辑描述转换为最适合在器件中实现的形式；合并是将模块化设计产生的多个文件合并成一个网表文件，并使层次设计平面化。

（2）映射

映射是根据所选择的 PLD 器件型号，把设计分割为多个适合器件内部逻辑资源实现的逻辑小块形式。

（3）布局和布线

布局是将已分割的逻辑小块放到器件内部逻辑资源的具体位置，并使它们易于连线，且连线最少。布线是利用器件内的布线资源完成各功能块之间及反馈信号的连接。

（4）产生编程文件

设计实现的最后一步是产生可供器件编程使用的数据文件。对 CPLD 器件，产生的是熔丝图文件（∗.JEDEC）。对 FPGA 器件，则产生的是位数据流文件（∗.SOF 或 ∗.POF）。

3. 系统仿真

系统仿真就是开发平台根据编译器所产生的数据文件，对数字系统的设计进行模拟，以验证用户设计的正确性。系统仿真包括功能仿真和定时分析仿真两部分，这两部分可分别通过仿真器和延时分析器来完成。在仿真文件中加载不同的激励，可以观察中间结果以及输出波形。必要时，可以返回设计输入阶段，修改设计输入，最终达到设计要求。

设计中的各个模块乃至整个系统均可以进行仿真，若有错误，可以很方便地修改，而不必对硬件进行改动，极大地节约了成本。规模越大的设计，越发需要进行系统仿真。仿真不消耗器件内的资源，仅消耗少许时间，系统仿真被认为是现代数字系统设计的精髓。

4. 编程下载

编程下载是将设计实现阶段所产生的熔丝图文件或位数据流文件装入可编程逻辑器件中，以便硬件调试和验证。编程下载需要满足一定的条件，如编程电压、编程时序和编程算法等。在编程下载时需注意以下几方面问题。

1）对于不能进行在系统编程的 CPLD 器件和不能再重配置的 FPGA 器件，需要编程专用设备（编程器）完成器件编程。

2）对于使用 LUT 技术和基于 SRAM 的 FPGA 器件，下载的编程数据将存入 SRAM 中，而 SRAM 掉电后所存的数据将丢失，为此需将编程数据固化到 E^2PROM 中，器件上电时，由器件本身或微处理器控制 E^2PROM，将数据"配置"到 FPGA 中。

3）对于使用乘积项逻辑，基于 E^2PROM 或 Flash 工艺的 CPLD 器件进行编程下载时，使用器件厂商提供的专用下载电缆，一端与计算机的并口或 USB 口相连，另一端接到 CPLD 器件所在 PCB 的 10 芯插头上，编程数据通过该电缆下载到 CPLD 器件中。

思 考 题

1. 可编程逻辑器件电路结构的描述方式与传统电路有何不同？为什么？
2. 可编程逻辑器件的主要结构包含哪些？各有什么作用？
3. 现在数字系统设计主要有哪几种设计输入方式？
4. 现代数字系统设计的设计过程是什么？

第3章 Verilog HDL 基本构件

硬件描述语言（Hardware Description Language，HDL）是电子系统硬件行为描述、结构描述、数据流描述的语言。利用这种语言，数字电路系统的设计可以从顶层到底层，逐层描述自己的设计思想，用一系列分层次的模块来表示极其复杂的数字系统。然后，利用 EDA 工具，逐层进行仿真验证、逻辑综合、布局布线，完成整个数字系统设计。这种设计方法已被广泛采用。据统计，目前在美国硅谷有90%以上的 ASIC 和 CPLD/FPGA 采用硬件描述语言进行设计。

HDL 的发展至今已有 20 多年的历史，并成功地应用于电子电路设计的各个阶段，包括建模、仿真、验证和综合等。20 世纪 80 年代后期，VHDL 和 Verilog HDL 成为普遍认同的标准硬件描述语言，先后成为 IEEE 标准。

3.1 Verilog HDL 简介

Verilog HDL 最早于 1983 年由盖特韦设计自动化（Gateway Design Automation）公司作为一种专门语言，为其模拟器产品开发的硬件建模使用。由于该公司的模拟、仿真器产品被广泛使用，Verilog HDL 作为一种便于理解和使用的新型硬件系统设计语言逐渐被广大电子系统设计者所接受。在 1990 年 Verilog HDL 被推向公众领域，并产生了促进 Verilog HDL 发展的国际性组织 OVI（Open Verilog International）。1995 年，Verilog HDL 成为 IEEE 标准，即 IEEE Std1364 – 1995。

Verilog HDL 作为一种硬件描述语言，用于从算法级、门级到开关级的多种抽象设计层的数字系统建模。被建模的数字系统复杂性可以从简单的门电路到完整的数字系统，数字系统能够按层次描述，并可在相同描述中显式地进行时序建模。

Verilog HDL 具有以下描述能力：行为建模、数据流建模、结构建模以及包含响应监控和设计验证方面的时延和波形产生机制。在利用 Verilog HDL 进行数字系统设计的过程中，可以单独使用其中的一种建模方式，也可以混合使用多种建模方式。此外，Verilog HDL 对所设计的数字系统的规模没有限制，设计过程中只需考虑当前所采用硬件结构的集成程度和发展水平即可。Verilog HDL 还提供了编程语言接口，可以通过该接口在模拟、验证期间从设计外部访问设计，包括模拟的具体控制和运行。

Verilog HDL 不仅定义了语法，而且对每一个语法结构都定义了清晰的模拟、仿真语义。因此，用 Verilog HDL 编写的模型能够使用 Verilog 仿真器进行验证。Verilog HDL 从 C 语言中继承了众多的操作符和编程结构。

3.2 Verilog HDL 程序的基本结构

模块是 Verilog HDL 用来实现逻辑电路的最基本的描述单元，用于描述某个系统或子系统设计的功能或结构，以及与其他模块或系统的通信接口等。在模块结构描述当中，可以使用开关级原语、门级原语、用户自定义的原语等进行描述。一个模块可以被另外的模块所调用，模块的关键词是 module。关键词是 Verilog HDL 当中预定义的具有特定功能和含义的词汇。Verilog HDL 规定关键词的英文字符必须小写，不可用大写。模块的基本语法结构如下：

```
    module    module_name ( post_list ) ;
declarations：
        reg，wire，parameter，
        input，output，inout，
    function，task etl.
    statements：
        Parallel execution statement
    endmodule
```

Verilog HDL 中的语句包括并行执行语句（Parallel Execution Statement）和顺序执行语句（Sequential Execution Statement）。

并行执行语句的执行顺序和语句排列的先后顺序无关，且可以直接在模块当中使用。顺序执行语句的执行顺序和语句排列的先后顺序有关，即排列在前的语句一定先执行，排列在后的语句一定后执行，顺序执行语句不能直接在模块当中使用。

并行执行语句主要包括初始化语句（Initial Statement）、重复执行语句（Always Statement）、模块实例语句（Module Instantiation）、门实例语句（Gate Instantiation）、UDP 实例语句（UDP Instantiation）、连续赋值语句（Continuous Assignment）等。

顺序执行语句主要包括 if 语句、while 语句、case 语句、for 语句等。顺序执行语句需要作为并行执行语句的一部分来使用，不可以直接用在模块当中。

声明（Declarations）部分用于对不同的项目进行定义，包括模块描述中使用的寄存器和参数、端口的方向以及类型等。声明部分原则上可以放置于模块结构中的任何地方，但变量、寄存器、线网、参数等的声明必须出现在使用之前。为了保证模块描述的条理性和可读性，建议将所有的声明统一放置在模块功能描述语句之前。下面以一位全加器的 Verilog HDL 描述为例进行说明。图 3-1 是一位全加器的逻辑电路图。

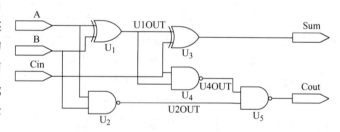

图 3-1　一位全加器的逻辑电路图

```
module FullAdder ( A，B，Cin，Sum，Cout ) ;
    input    A，B，Cin；
    output   Sum，Cout ；
    wire    U1OUT，U2OUT，U4OUT；
    assign U1OUT  =  A ^ B ；
    assign U2OUT  =  ! ( A & B ) ；
    assign U4OUT  =  ! ( U1OUT & Cin ) ；
    assign Sum  =  U1OUT ^ Cin ；
    assign Cout  =  ! ( U2OUT & U4OUT ) ；
endmodule ；
```

　　说明：module 是模块定义的关键词，定义的模块名称为 FullAdder，类似于 C 语言当中的函数名。在具体实现或调用该模块时，都是通过该模块名实现的。FullAdder 和其他非关键词都统一称为标识符，属于程序设计人员自主构建的名称，标识符的构建有其特定的规则，在后续将有详细介绍。input 和 output 都属于关键词，用于表明所设计模块与外界通信端口的输入/输出方向。关键词 wire 用于定义电路设计中使用到的一些中间变量。关键词 assign 引导的是连续赋值语句，连续赋值语句属于并行执行语句。所有通信端口和中间信号没有明确定义宽度（位数），默认宽度是 1 位。模块描述以关键词 endmodule 结束。

3.3　Verilog HDL 的基本要素

　　Verilog HDL 的基本要素包括识别符、注释、数值、编译程序指令、系统任务和系统函数。

3.3.1　识别符

　　Verilog HDL 的识别符包括关键词和标识符两种。

1. 关键词

　　关键词是语言本身预定义的，是具有特定用法和含义的符号，例如 module、if 等，关键词只能用小写符号。Verilog HDL 属于保留字，它仅用于某些上下文中。表 3-1 为 Verilog HDL 中的所有保留字。

表 3-1　Verilog HDL 中的所有保留字

序号	关键词	序号	关键词	序号	关键词	序号	关键词
1	always	27	for	53	output	79	supply0
2	and	28	force	54	parameter	80	supply1
3	assign	29	forever	55	pmos	81	table
4	begin	30	fork	56	posedge	82	task
5	buf	31	function	57	primitive	83	time
6	bufif0	32	highz0	58	pull0	84	tran
7	bufif1	33	highz1	59	pull1	85	tranif0
8	case	34	if	60	pullup	86	tranif1
9	casex	35	ifnone	61	pulldown	87	tri
10	casez	36	initial	62	rcmos	88	tri0
11	cmos	37	inout	63	real	89	tri1
12	deassign	38	input	64	realtime	90	triand
13	default	39	integer	65	reg	91	trior
14	defparam	40	join	66	release	92	trireg
15	disable	41	large	67	repeat	93	vectored
16	edge	42	macromodule	68	rnmos	94	wait
17	else	43	medium	69	rpmos	95	wand
18	end	44	module	70	rtran	96	weak0
19	endcase	45	nand	71	rtranif0	97	weak1
20	endmodule	46	negedge	72	rtranif1	98	while
21	endfunction	47	nmos	73	scalared	99	wire
22	endprimitive	48	nor	74	small	100	wor
23	endspecify	49	not	75	specify	101	xnor
24	endtable	50	notif0	76	specparam	102	xor
25	endtask	51	notif1	77	strong0		
26	event	52	or	78	strong1		

2. 标识符

标识符是由用户自主定义的，用来表示用户指定的特定含义符号，例如模块名称、变量名称、端口名称等。标识符可以是由任意一个或多个字母、数字、$ 符号和下画线符号的组合，标识符的第一个字符必须是字母或者下画线。另外，标识符是区分大小写的，同一字符的大写形式和小写形式在 Verilog HDL 中被认为是两种不同的字符。以下是标识符的几个例子：

Counter
COUNTER   //与 Counter 不同
_m1u2 _f432
FILE $

转义标识符（escaped identifier）可以在一条标识符中包含任何可打印字符。转义标识符以 \（反斜线）符号开头，以空白结尾，空白可以是一个空格、一个制表字符或换行符。下面列举几个转义标识符：

\files
\. * . $
\{?????}
\WERER
\Counter   //与 Counter 相同

最后这个例句解释了在一条转义标识符中，反斜线和结束空格并不是转义标识符的一部分。也就是说，标识符 \ Counter 与标识符 Counter 恒等。另外，转义标识符与关键词并不完全相同，标识符 \ initial 与关键词 initial 不同。

3. 书写格式

Verilog HDL 本身区分大小写，即关键词只能用小写字符，标识符可以用大写或小写，但同一字母的大写形式和小写形式被认为是两个不同的字符，需要特别注意。此外，Verilog HDL 是自由格式的，即书写语句可以跨越多行编写，也可以在一行内编写。空白没有特殊意义。下面通过一些实例解释说明。

```
   always
    begin
        Top  = 3'b1001;
        //以下一行中书写了两个独立的赋值语句
        Cout = A & B; Q0 = ! Q0;
        //以下一条赋值语句分作两行书写
        Cy = Cout |
        B;
    end
```

3.3.2 注释

注释的含义与 C 语言等的注释一样，可以用来对某个变量、信号或模块等进行必要的解释说明，以提高程序代码的可读性。在 Verilog HDL 中有两种形式的注释符，分别为：

第一种为/* ⋯⋯*/ 此注释符可以用来注释一行、多行或部分行；

第二种为// 　此注释符仅能注释符号本身右侧的内容，范围至行尾结束。

3.3.3　系统任务和函数

以 $ 字符开头的标识符表示系统任务或系统函数，任务可在设计的不同部分被调用，任务可以返回 0 个或多个值。函数只能返回一个值。此外，函数在 0 时刻执行，不能有延迟，而任务可以带有延迟。

```
    $ dispaly（"Hi,you have reached LT todday"）;
/* $ display 系统任务在新的一行中显示　*/
    $ time　//该系统任务返回当前的模拟时间
    $ dumpfile　//该系统任务指定转储文件名
    $ dumpfile　（"system. dump"）;
```

系统任务和系统函数在后续章节中详细讲解。

3.3.4　编译指令

以 `（反引号）开始的标识符是编译器指令，标识符 "`" 是唯一的，不能被其他符号取代。在 Verilog HDL 编译中，特定的编译器指令在整个编译过程中有效，直到遇到其他不同的编译指令。常用的编译器指令如下：

1. `define 和 `undef

`define 指令用于文本替换，类似于 C 语言中的#define 指令。例如：

```
`define    DataBus 32
…
Reg[DataBus −1:0] Data;
```

`define 编译指令在整个编译过程中都有效。`undef 指令用于终止前面 `define 编译指令的定义。`define 编译指令的作用范围自定义位置开始，到 `undef 指令结束。即 `define 和 `undef 共同决定了该编译指令的作用范围。例如：

```
`define Bus 16　//建立一个文本宏替代
…
Wire[ Bus:1] AddBus;
…
`undef    Bus // 在 `undef 编译指令后,Bus 的编译指令不再有效
```

2. `ifdef、`else 和 `endif

这 3 个编译指令属于条件编译，类似于 C 语言中的#ifdef #esle。例如：

```
`ifdef    WIN16
   Parameter WordSize = 16;
`else
   Parameter WordSize = 32;
`endif
```

在编译过程中，如果已经定义了名字为 WIN16 的文本宏，就选择第一种参数声明，否则选择第二种参数说明。`else 程序指令对于 `ifdef 指令是可选的。

3. `default_ nettype

该指令用于指定默认的隐式线网类型，即在没有明确指定类型的情况下自动默认线网类

型。在没有使用该指令的情况下，Verilog HDL 本身默认的线网类型为 wire。

`default_ncttype wand

该实例指令将默认的隐式线网类型修改为 wand，即线网类型。从该指令开始后续的所有模块中，没有经过明确说明的连线都被自动指定为默认的 wand 类型。

4. `include

`include 编译指令类似于 C 语言的#define。用于将 Verilog HDL 程序文件添加到当前的工程中，供当前工程进行功能模块的调用。被添加的文件既可以用相对路径名定义，也可以用全路径名定义。例如：

`include "D:/Verilog HDL/model. v"

编译时，这一行由文件"D:/Verilog HDL/model. v"的内容替代。

5. `resetall

该编译器指令将所有被修改过的编译指令重新恢复到默认状态。

`default_nettype wand

…

`resetall

在该实例中，`resetall 编译指令之前的默认类型为 wand，之后的默认类型恢复为语言默认的 wire。

6. `timescale

在 Verilog HDL 模型中，时间延时不直接使用时间物理量，如 5ms，而是所有延时都用单位时间的数量来表述。而单位时间与实际的对应由 `timescales 编译器指令进行关联。`timescales 编译指令用于定义延时的时间单位和延时精度。`timescale 编译器指令格式为：

`timescale time_unit/ time_precision

time_unit 是时间单位，time_precision 是延时精度。time_unit 和 time_precision 由数值和时间的物理量单位组成。数值只能是 1、10、和 100。时间物理单位包括 s、ms、μs、ns、ps和 fs。例如：

`timescale 1ns/100ps

上述实例表示时延单位为 1ns，时延精度为 100ps。`timescale 编译指令在模块说明外部出现，并且影响后面所有的时延值。例如：

```
`timescale  1ns/100ps
    module FullAdder (A,B,Cin,Sum,Cout) ;
        input    A,B,Cin;
        output   Sum,Cout ;
        wire    U1OUT,U2OUT,U4OUT;
        assign   #5      U1OUT = A ^ B ;
        assign   # 7. 12   U2OUT = ! (A & B) ;
        assign   #6. 9     U4OUT = ! (U1OUT & Cin) ;
        assign   #12       Sum = U1OUT ^ Cin ;
        assign   #2. 145   Cout = ! (U2OUT & U4OUT) ;
    endmodule ;
```

编译器指令定义时延以 ns 为单位，并且时延精度为 100ps（0.1ns）。因此，时延 5 对应

5ns，时延 7. 12 对应 7. 1ns，6. 9 对应 6. 9ns，2. 145 对应 2. 1ns。

如果用 `timescale 10ns/1ns 代替上例中的 `timescale　1ns/100ps，那么 7. 12 对应 71. 2ns，6. 9 对应 69ns，其他以此类推。

在编译过程中，`timescale 指令影响这一编译指令后面所有模块中的时延值，直至遇到另一个 `timescale 指令或 `resetall 指令。当一个设计中的多个模块带有自身的 `timescale 编译指令时，模拟器总是定位在所有模块的最小时延精度上，并且所有时延都相应地换算为最小时延精度。例如：

```
`timescale 1ns/100ps
module AndFunc (Z,A,B);
    output   Z;
    input A,B;
    and # (5. 22,6. 17)   AL (Z,A,B);
endmodule
`timescale   10ns/1ns
module   TB;
  reg   PutA,   PutB;
  Wire GetO;
intitial
  begin
        PutA = 0;
        PutB = 0;
        #5. 21 Put = 1;
        #10. 4   PutA = 1;
        #15 PutB = 0;
  end
  AndFunc       AF1(GetO,PutA,Put B);
endmodule
```

在上述实例中，每个模块都有自身的 `timescale 编译指令，应用于时延。因此，在第一个模块中，5. 22 对应 5. 2ns，6. 17 对应 6. 2ns；在第二个模块中 5. 21 对应 52ns，10. 4 对应 104ns，15 对应 150ns。如果仿真模块 TB，设计中的所有模块最小时间精度为 100ps。因此，所有延迟，特别是模块 TB 中的延迟，都将换算成精度为 100ps。例如，延迟 52ns 对应为 520 * 100ps，104 对应为 1040 * 100ps，150 对应 1500 * 100ps。更重要的是，仿真使用 100ps 为时间精度。由于模块 TB 不是模块 AddFunc 的子模块，模块 TB 中的 `timescale 程序指令将不再有效。

7. `unconnected_drive 和 `nounconnected_drive

在模块实例化中，出现在这两个编译器指令间的任何未连接的输入端口，默认状态由该指令决定。

```
`unconnected_drive pull1
……
/* 在这两个程序指令间的所有未连接的输入端口默认为高电平 */
`nounconnected_drive
```

`unconnected_drive pull0

......

/* 在这两个程序指令间的所有未连接的输入端口默认为低电平 */

`nounconnected_drive

8. `celldefine 和 `endcelldefine

这两个编译指令用于将模块标记为单元模块。例如：

`celldefine

module MUX（S,D,Z）;

......

endmodule

`endcelldefine

某些 PLI 例程使用单元模块。

3.3.5 数值表示

Verilog HDL 有下列 4 种基本的值。

　　0：低电平、数值 0 或逻辑"假"。

　　1：高电平、数值 1 或逻辑"真"。

　　x：未知。

　　z：高阻。

在门的输入或一个表达式中为"z"的值通常被看作"x"。此外，x 和 z 都不区分大小写，即 0x1z 与 0X1Z 的值相同。Verilog HDL 中的常量是由以上这 4 类基本值组成的。

Verilog HDL 中有 3 类常量：整型数、实数、字符串型。下画线符号"_"可以随意用在整数或实数中，不影响数值本身的大小，但可以用来提高数值的易读性，需要注意的是，下画线符号不能用作首字符。

1. 整型数

整型数有两种书写方式，简单的十进制数格式和基数格式。

（1）基本十进制数格式

这种形式的整数定义为带有一个可选的一元"＋"或一元"－"操作符的数字序列，这种格式的整型数代表一个有符号数。例如：

```
128             // 十进制数 128
–43             //  十进制数 –43
```

（2）基数格式

这种格式的整数表示为：

［size］'base value

size 定义以数据位（bit）为计量单位的常量所占用的位长；base 是所表示数据的进制数，其中 o 或 O 表示八进制，b 或 B 表示二进制，d 或 D 表示十进制，h 或 H 表示十六进制；value 是基于 base 所示进制的数值。值 x 和 z 以及十六进制中的 a、b、c、d、e、f 不区分大小写。例如：

```
6' O48          // 6 位八进制数
4' D7           // 4 位十进制数
```

4' B1x_10	// 4 位二进制数
8' Hx	// 8 位 x(扩展的 x),即 xxxxxxxx
4' hz	// 4 位 z(扩展的 z),即 zzzz
8' h 2A	// 在位长和字符之间,以及基数和数值之间允许出现空格
4' d-7	// 非法:数值不能为负
3' b001	// 非法:'和基数 b 之间不允许出现空格
(4+3)' b1010	// 非法:位长不能够为表达式

注意,x（或 z）在十六进制值中代表 4 位 x（或 z），在八进制中代表 3 位 x（或 z），在二进制中代表 1 位 x（或 z）。

基数格式的整型数只用来表示无符号数。基数格式整型数的长度可以指定,也可以不指定。如果没有明确指定一个整数型的长度,则数的长度为相应值中定义的位数。例如:

' o701	// 9 位八进制数
' h5F	// 8 位十六进制数

如果定义的长度比为常量指定的长度长,通常在左边填 0 补位。但是如果数最左边一位为 x 或 z,就相应地用 x 或 z 在左边补位。例如:

10' b10	// 左边添 0 占位,0000000010
10' bx0x1	// 左边添 x 占位,xxxxxx0x1

如果长度定义不足以存储整个数据,那么最左边的位相应地被截断。例如:

3' b1001_ 0011 与 3' b011 相等。

5' H0FFF 与 5' H1F 相等。

? 字符在数中可以代替值 z,在值 z 被解释为不区分大小写的情况下,提高可读性。

2. 实数

实数可以有两种形式表示,十进制计数法和科学记数法

（1）十进制计数法

例如:

22.0	
15.678	
342.234	
0.134	
5.	//非法:小数点两侧必须有 1 位数字

（2）科学记数法

例如:

23_3.1e1	//其值为 2331.0;忽略下画线
4.7E2	//470.0(e 与 E 相同)
3E-4	//0.0003

Verilog 语言中的实数通过四舍五入被转换为最相近的整数。例如:

32.456	//转换为整数 32
72.89	//转换为整数 73
-35.63	//转换为整数 -36
-56.12	//转换为整数 -56

3. 字符串

字符串是双引号中的字符序列。字符串不能分成多行书写。例如：

    "Verilog_HDL"

    "Reached -> Here"

用 8 位 ASCII 码值表示的字符可被看作无符号整数，因此字符串是 8 位 ASCII 的值的序列。为存储字符串" Verilog_HDL"，变量需要 8 * 11 位。

reg[1:8 * 11] Message;

…

Message = " Verilog HDL"

反斜线(\)用于对确定的特殊字符转义。

\n	//换行符
\t	//制表符
\\	//字符\本身
\"	//字符"
\203	//八进制数 203 对应的字符

3.3.6　数据类型

Verilog HDL 有两大类数据类型，分别为线网类型和寄存器类型。

1. 线网类型

线网（Net Type）表示 Verilog 结构化元件间的物理连线。它的值由驱动元件的值决定。如果没有驱动元件连接到线网，线网的默认值为 z。线网类型声明语法为：

net_kind[msb:lsb] net1,net2,…,netN;

net_kind 可以是 11 种线网类型的一种。msb 和 lsb 用于定于线网范围的常量表达式，即定义线网的位数，范围只能用整数表示。范围定义可默认，如果没有明确定义范围，则默认的线网类型为 1 位。例如：

wire Rst,En,Y；　//3 个 1 位的线网类型

wand[2:0]Add；//Add 是 3 位"线与"类型,具体"线与"类型的用法和含义后续详述

3 位线与类型变量分别是 Add[2]、Add[1]、Add[0]。

wor[7:4]Data；//Data 是 4 位"线或"类型，具体"线或"类型的用法和含义后续详述

4 位线或类型变量分别是 Data[7]、Data [6]、Data [5]、Data [4]。从示例可以看出，类型范围可以从任意正的整型数起始。

线网定义的类型决定了当有多个驱动源驱动同一目标时，目标可能取值的规则，即当一个线网有多个驱动来源，或对一个线网有多个赋值时，不同的线网类型定义产生不同的行为和结果。例如

wor Y；

…

assign Y = A1&A2;

…

assign Y = B1 | B2;

本例中，Y 有两个驱动源，分别来自于两个连续赋值语句。由于它是线或类型的线网，

Y 的最终结果由使用驱动源的值（右边表达式的值）的线或（wor）决定。线网数据类型包含不同种类的线网子类型，常见的有以下几种。

（1）wire 和 tri 线网

wire 是 VerilogHDL 默认的线网类型，也是用于表示单元连线的最常见的线网类型。tri 是三态线网，与 wire 的语法和语义一致。wand 和 triand 可以用于描述多个驱动源驱动同一根线的线网类型。

wire En;

wire [3:0] A,B,C;

tri[MSB－1:LSB＋1]ADD;

如果多个驱动源驱动一个 wire 或 tri，线网的有效状态如表 3-2 所示。

下面是一个具体实例：

wire [3:0] A,B,C;

assign C = A&B;

…

assign C = A^B;

在这个实例中，C 有两个驱动源。两个驱动源的值如果不同，其最终状态可通过查询上表获得。由于 C 是一个向量，每位的计算是相关的。例如，如果第一个连续赋值语句"assign C = A&B;"右侧的值为 01x，而第二个连续赋值语句"assign C = A^B;"右侧的值为 11z，那么 C 的最终状态是 x1x（第一位 0 和 1 在表中索引到 x，第二位 1 和 1 在表中索引到 1，第三位 x 和 z 在表中索引到 x）。

（2）wor 和 trior 线网

wor 是线或类型，是指当有多个驱动源驱动同一信号时，如果某个驱动源为 1，那么最终的状态也为 1。线或和三态线或（trior）在语法和功能上是一致的。

wor [7:0]Add;

trior[15:0]DATA,CON;

如果多个驱动源驱动这类线网类型，最终结果可参考表 3-3。

表 3-2　wire/tri 状态表

驱动源 2 状态	驱动源 1 状态			
	0	1	x	z
0	0	x	x	0
1	x	1	x	1
x	x	x	x	x
z	0	1	x	z

表 3-3　wor/trior 状态表

驱动源 2 状态	驱动源 1 状态			
	0	1	x	z
0	0	1	x	0
1	1	1	1	1
x	x	1	x	x
z	0	1	x	z

（3）wand 和 triand 线网

wand 是线与类型的线网，在存在多个驱动源时，如果某个驱动源为 0，那么最终的值为 0。wand 与三态线与（triand）在语法和功能上是一致的。

wand[7:0]Dbus;

triand Reset,Clk;

如果多个驱动源驱动这类线网类型，最终结果可参考表 3-4。

（4）trireg 线网

trireg 是三态寄存器线网。此线网用于存储数值，类似于寄存器，也可用于电容节点的建模。当 trireg 的所有驱动源都处于高阻态 z，其保存作用在线网上的最后一个有效值（0\1）。三态寄存器线网的默认初始值为 x。例如：

trireg[1:8]Dbus,Abus;

（5）tri0 和 tri1 线网

tri0 和 tri1 类型与 wire 基本一致，区别仅在于：tri0 和 tri1 若无驱动源驱动，即所有驱动源都输出 z，它的值为 0\1，而不是高阻 z。这类线网可用于线逻辑的建模。例如：

tri0[7:0]GBus;

tri1[3:0]IBus;

在多个驱动源作用下，tri0 或 tri1 的最终状态如表 3-5 所示。

<table>
<tr><td colspan="5" align="center">表 3-4　wand/triand 状态表</td><td colspan="5" align="center">表 3-5　tri0/tri1 状态表</td></tr>
<tr><td rowspan="2">驱动源 2 状态</td><td colspan="4">驱动源 1 状态</td><td rowspan="2">驱动源 2 状态</td><td colspan="4">驱动源 1 状态</td></tr>
<tr><td>0</td><td>1</td><td>x</td><td>z</td><td>0</td><td>1</td><td>x</td><td>z</td></tr>
<tr><td>0</td><td>0</td><td>0</td><td>0</td><td>0</td><td>0</td><td>0</td><td>x</td><td>x</td><td>0</td></tr>
<tr><td>1</td><td>0</td><td>1</td><td>x</td><td>1</td><td>1</td><td>x</td><td>1</td><td>x</td><td>1</td></tr>
<tr><td>x</td><td>0</td><td>x</td><td>x</td><td>x</td><td>x</td><td>x</td><td>x</td><td>x</td><td>x</td></tr>
<tr><td>z</td><td>0</td><td>1</td><td>x</td><td>z</td><td>z</td><td>0</td><td>1</td><td>x</td><td>0/1</td></tr>
</table>

（6）supply0 和 supply1 线网

supply0 用于对"地"建模，即低电平 0；supply1 用于对"电源"建模，即高电平 1。例如：

supply0 Gnd;

supply1 [2:0] Vcc,Vdd;

（7）未说明的线网

在 Verilog HDL 中，有可能不必声明某种线网类型。这种情况下，默认线网类型为 1 位 wire 线网。也可以使用 `default_nettype 编译器指令，改变这一隐式线网说明方式。格式如下：

`default_nettype　net_kind

例如，下列编译器指令：

`default_nettype wand　//任何未被说明的线网,默认为 1 位线与 wand 类型

（8）向量和标量线网

在定义向量线网时可选用关键词 scalared 或 vectored。如果一个线网定义时使用了关键词 vectored，那么就不允许位选择和部分选择该线网。换句话说，必须对线网整体赋值。例如：

wire vectored [3:1] Grb;　//不允许位选择 Grb[2]和部分选择 Grb[3:2]

wor scalared[4:0] Best;　//与 wor[4:0] Best 相同,允许位选择 Best[2]和部分选择 Best [3:1]

如果没有使用关键词 scalared 或 vectored，则默认值为标量 scalared。

2. 寄存器类型

寄存器类型（Register Type），表示一个抽象的数据储存单元，它只能在 always 语句和 initial 语句中被赋值。寄存器类型的变量默认值为 x。寄存器类型有 5 种不同的子类型。

（1）reg 寄存器类型

reg 是最常见的寄存器数据类型。reg 类型使用保留字 reg 加以说明，格式如下：

　　reg[msb:lsb]reg1,reg2,…,regN;

msb 和 lsb 用于定义寄存器的长度（位数），使用常数值表达式。范围定义是可选的；如果没有明确定义范围，则默认值为 1 位寄存器。例如：

　　reg［3:0］Sata;　　　// Sata 为 4 位寄存器

　　reg Cnter;　　　　　//1 位寄存器

　　reg[16:1]　　Ks,Ps,Ls;　　// Ks,Ps,Ls 都是 16 位寄存器

寄存器可以取任意长度。寄存器中的值通常被解释为无符号数。例如：

reg[1:4] Comb;

…

Comb = -2; //Comb 的值为 14(1110),1110 是 2 的补码

Comb = 5; //Comb 的值为 5(0101)

（2）存储器

存储器是一个寄存器组。存储器使用格式如下：

reg[msb:lsb]memory1[upper1:lower1],memory1[upper2:lower2],…;

其中，［msb：lsb］表明存储器所包含的寄存器的位数和排列，为可选项，如果默认，则默认定义的存储器所包含的寄存器位数为 1。［upper1：lower1］和［upper2：lower2］等表明存储器所包含的寄存器的个数和排列，也是可选项，如果默认，则默认定义的存储器就是普通的寄存器。例如：

　　reg[3:0] Mem［31:0］　　// Mem 为包含 32 个(31～0)4 位(3～0)寄存器的存储器

　　reg Mem2[16:1]　　　// Mem2 为包含 16 个(16～1)1 位寄存器的存储器

Mem 和 Mem2 都是存储器。存储器的维数不能大于 2。注意存储器属于寄存器组类型，线网数据类型不能定义为该类型的数据。利用单个寄存器说明语句，可以同时定义寄存器类型和存储器类型。例如：

　　parameter AddSize = 32,WordSize = 16;

　　reg［WordSize - 1：0］Mem[AddSize -1：0],DataReg;

Mem 是存储器，是 32 个 16 位寄存器数组，而 DataReg 是 16 位寄存器。

在对寄存器和存储器赋值时，一次只能存储一个多位的数据，不能一次同时存储多个多位数据。在对存储器赋值时，需要定义一个索引，索引表明了访问的是存储器中的哪个寄存器。例如：

　　reg[4:0] Reg5; // Reg5 为 5 位寄存器

　　…

　　Reg5 = 5' b11011;　　//正确的赋值

　　reg Mem5[4:0];　　//Mem5 为包含 5 个 1 位寄存器的存储器

　　…

　　Mem5 = 5' b11011;　　//不正确的赋值

有一种存储器赋值的方法是分别对存储器中的每个寄存器明确指定赋值。例如：

　　reg[3:0] Mem4_8 [7:0]　　// Mem4_8 为存储器,包含 8 个 4 位的寄存器

可做如下赋值：

```
Mem4_8 [3] = 8' h46;
Mem4_8 [2] = 8' h7a
Mem4_8 [1] = 8' h20;
Mem4_8 [0] = 8' h8c;
```

为存储器赋值的另一种方法是使用系统任务"$ readmemb"和文本文件"ram. patt"。这些系统任务可以从指定的文本文件中读取数据并加载到存储器。"ram. patt"文件必须包含相应的二进制或者十六进制数。例如：

```
reg[7:0] Mem8_16 [15:0];
$ readmemb ("ram. patt",Mem8_16);
```

Mem8_16 是存储器，文件"ram. patt"必须包含二进制值。文件也可以包含空白和注释。本例中，文件中可能的内容的实例如下：

```
1001
0111
1010
0101
0101
0001
1000
0011
1011
0101
0101
0001
0101
0101
0001
1111
```

系统任务 $ readmemb 使索引 15 即 Mem8_16 最左边的字索引，开始读取值。如果只加载存储器的一部分，值域可以在 $ readmemb 方法中显示定义。例如：

```
$ readmemb("ram. patt",Mem8_16,10,6);    //从地址 10 读到地址 6
```

在这种情况下，只有 Mem8_16 [10]、Mem8_16 [9]、Mem8_16[8]、Mem8_16[7]、Romb[6] 5 组数据从文件头开始被读取。

文件也可以包含显式的地址形式@ hex_address value，在这种情况下，数据被读入存储器指定的地址。例如：

```
@5    11001
@2    11010
```

当地址只定义开始值时，连续读取直至到达存储器右端索引边界。例如：

```
$ readmemb("ram. patt",Mem8_16,10);     //从地址 10 开始,持续到 0
```

（3） integer 寄存器类型

integer 寄存器用于存储整型数据。integer 寄存器可以作为普通寄存器使用，也常用于高层次行为建模。Integer 寄存器类型语法格式如下：

```
integer    integer1,integer2,…,integerN[msb:lsb];
```

　　msb 和 lsb 是定义 integer 数组界限的常量表达式，数组界限的定义是可选的。一个整数最少容纳 32 位。但是具体实现可提供更多的位。例如：

　　　　integer　IntA,IntB;//两个整数型寄存器

　　　　integer IntC[3:0];// IntC 包含 4 个寄存器

　　整数型寄存器存储的数据都看作有符号数，即数据的最高位是符号位。integer 数据只能作为整体进行访问，不能作为位向量访问，即不能进行位选择和部分选择。例如，对于上面的整数 IntA，IntA［8］和 IntA［31：16］都是不允许的。要实现对 integer 数据的某一位或某一部分的访问，可以借助普通的 reg 类型数据实现，即将要访问的 integer 数据赋值给同等长度的 reg 类型变量，然后通过对应的 reg 类型数据进行相应的位操作或部分操作。例如：

　　reg[31:0]RegA;

　　integer IntB;

　　…

　　RegA = IntB;

　　访问 IntB［6］和 IntB［20：10］是不允许的。但可以访问 RegA［6］和 RegA［20：10］，因此执行语句"RegA = IntB;"后访问 RegA［6］和 RegA［20：10］，就达到了访问 IntB［6］和 IntB［20：10］的目的。

　　通过简单的赋值将整数转换为位向量。从位向量到整数的转换也可以用赋值完成，并自动适应赋值对象的位长度。例如：

　　　　intetger　A;

　　　　reg[3:0]　　B;

　　　　A = 4;

　　A 的值为 4，正常占据 3 位数据位，即 3′b100，但因为赋值对象 A 为 intetger，默认存储位长 32，因此最终赋值结果为 32′b000…100。

　　　　B = A;

　　A 为占据 32 位数据位的 intetger，赋值给数据长度为 4 的 B 后的结果为 4′b0100。

　　　　B = 4′b0101

　　　　A = B;

　　B 为 4 位数据 4′b0101，赋值给 intetger 类型的 A 后的值为 32′b0000…00101。

　　　　A = -6;　　　// -6 为负数,数据保存方式为其补码 32′b1111…11010

　　　　B = A;

　　A 中存储的 32 位数据为 32′b1111…11010，赋值给 4 位的 B 后，按照从右到左的顺序截取 4 位数据赋值给 B，即 B 的值为 4′b1010。

　　总之，赋值总是按照右端对齐，即位数多余时，从右向左按照位数截断；位数不足，从右向左自动补齐。

　　（4）time 类型

　　time 类型的寄存器用于存储和处理时间，其语法格式如下：

　　　　time timereg1,timereg2,…,timeregN[msb:lsb];

　　msb 和 lsb 是表明范围界限的常量表达式。如果未定义界限，则每个标识符存储一个至少 64 位的时间值。时间类型的寄存器所存储的数据都视为无符号数。例如：

　　　　time TimeDemol[15:0];　　//时间值数组

time Currtime；　　//Currtime 存储一个时间值

（5）real 和 realtime 类型

实数寄存器 real 和实数时间寄存器 realtime，其语法格式如下：

real real_reg1，real_reg2，…，real_regN；

realtime realtime_reg1，realtime_reg2，…，realtime_regN；

realtime 与 real 类型完全相同。例如：

real RS；

realtime RTime；

real 说明变量的默认值为 0，不能对 real 指定范围界限。当将值 x 和 z 赋予 real 类型寄存器时，这些值作 0 处理。例如：

real RS2；

　…

RS2 = 'b01X0Z；

RS2 在赋值后的值为'b01000。

3.3.7　参数

参数是一个常量，经常用于定义时延和变量的宽度。使用参数说明的参数只能被赋值一次，不可重复赋值。参数说明语法格式如下：

parameter　param1 = const1，param2 = const2，…，paramn = constN；

例如：

parameter　NUM = 98；

parameter　WORD = 16，BYTE = 8，PI = 3. 1415；

parameter　STORE = (BYTE + WORD)/2；

parameter　WRFILE = "/TEST/ DATA. tq"；

参数值也可以在编译时被改变，通过参数定义语句或在模块初始化语句中定义参数值来实现。

3.3.8　操作数

操作数的种类包括常数、参数、线网、寄存器、存储器单元、函数调用。

1. 常数

常数包括整型常数、实数常数、字符串常数等。

整型常数的位数有定长（明确指定位数长度）和不定长常数（根据数据大小位数长度不定）以及有符号数（基本十进制格式）或无符号数（基数表示格式）。如 256、7、- 34 属于不定长常数和有符号数，4'b10_11、8'h0A、1'b1、10'hFBA 属于定长常数和无符号数。

实数常数就是日常所用的小数，如 90.00006。

字符串常数就是用双引号引起来的字符串序列，如" BOND"。每个字符作为 8 位 ASCII 码值存储。

2. 参数

参数类似于常量，使用参数声明进行说明时，只能被赋值一次。例如：

parameter WORD = 4'd16，SYS = 64；

3. 线网

线网包括多种子类型，最常用的是 wire。下面是线网说明实例。

```
wire [3:0] W1,W3;      //W1,W3 为 4 位向量线网
wire W2;               //W2 是标量线网
```

线网中的值被解释为无符号数。例如，在连续赋值语句"assign W1 = −3;"中，−3 占用 4 位的原码是 1011，补码是 1101 被赋值给 W1。W1 按照无符号数对待所存储的数据 1101，即十进制的 11。

线网在作为操作数使用时，可以整体使用，也可以按位或按区间使用。例如：

```
W2 = W1;     //整体使用
W2 = W1[2];  //按位使用
W3 = W1[1:0];//按区间使用
```

4. 寄存器

标量和向量寄存器可在表达式中使用。inteter 寄存器中的值被解释为有符号的二进制补码数，而 reg 寄存器或 time 时间寄存器中的值被解释为无符号数。实数和实数时间类型寄存器中的值被解释为有符号浮点数。寄存器变量使用寄存器声明进行说明。例如：

```
integer IntA,IntB;
reg[3:0] RegC;
IntA = −10;      // IntA 值为向量 10110,是 10 的二进制补码
IntB = 'b1011;   // IntB 值为十进制数 11
RegC = −10;      // RegC 值为位向量 10110,即十进制数 22
```

寄存器在作为操作数使用时，可以整体使用，也可以按位或按区间使用。例如：

```
reg [3:0] R1,R2;
reg  R3;
R2 = R1;     //整体使用
R3 = R1[2];  //按位使用
R2 = R1[1:0];//按区间使用
```

5. 存储器单元

存储器单元是存储器中的一个存储位置所对应的数据，实际也是一个寄存器类型。应用语法格式如下：

```
memory[reg_address]
```

例如：

```
reg[3:0]Reg,Mem[15:0];
…
Reg = Mem [10];   //存储器的第 10 个单元
```

"Mem [10] [2];"和"Mem [10] [9:6];"写法是不允许的。访问存储器的存储单元数据只能作为整体进行访问，不能进行位选择访问或部分选择访问。如果要访问存储单元中的某一位或某一范围的数据，可以借助同等位长的寄存器进行，方法与访问 integer 类型的位或部分选择相同。

6. 函数调用

表达式中可使用函数调用，函数调用可以是系统函数调用（以 $ 字符开始）或用户自定义的函数调用。例如：

```
$ time + Countertime( clk,nrd)
```

$ time 是系统函数，而 Countertime 是用户自定义函数。

3.4 操作符

与传统的程序设计语言一样，Verilog HDL 各种表达式中的操作数也是由不同类型的操作符连接而成的，操作符规定了运算的方式。Verilog HDL 中的操作符类型包括算术操作符、关系操作符、逻辑操作符、按位操作符、归约操作符、移位操作符、条件操作符、连接和复制操作符。

表 3-6 列出了所有操作符及所要求的数据类型。表中操作符按优先级顺序执行，同一行中的操作符优先级相同，圆括号能够用于改变优先级的顺序。归约操作符为一元操作符，对操作数的各位进行逻辑操作，结果为二进制数。

条件操作符从右向左关联，其余所有操作符自左向右关联。例如：

表达式 A + B − C　等价于（A + B）− C。

表达式 A？B:C？D:F　等价于 A？B:(C？D:F)。

表 3-6　Verilog HDL 操作符

类　　型	操　作　符	功　　能	优　先　级
符号操作符	+	正号	最高优级先
	−	负号	
按位操作符	~	按位取反	
缩位操作符	&	缩位与	
	~&	缩位与非	
	^	缩位异或	
	^~ 或 ~^	缩位异或非（同或）	
	|	缩位或	
	~|	缩位或非	
算术操作符	*	算术乘	
	/	算术除	
	%	算术取模	
	+	算术加	
	−	算术减	
移位操作符	<<	左移	
	>>	右移	
关系操作符	<	小于	
	<=	小于或等于	
	>	大于	
	>=	大于或等于	
	==	逻辑等	
	! =	逻辑不等	
	===	全等	
	! ==	不全等	
按拉操作符	&	按位与	
	^	按位异或	
	^~ 或 ~^	按位异或非（同或）	
	|	按位或	
逻辑操作符	&&	逻辑与	
	||	逻辑或	
	!	逻辑非	
条件操作符	?:	选择执行语句	最低优先级

3.4.1　算术操作符

算术操作符如表 3-6 中所示，需要注意以下问题。

1. 算术操作结果的长度

算术表达式结果的长度由最长的操作数决定。在赋值语句下，算术操作结果的长度由操作符左端目标长度决定。例如：

reg[0:3]Arc,Bar,Crt；

reg[0:5]Frx；

…

Arc = Bar + Crt；

Frx = Bar + Crt；

第一个加操作的结果长度由 Bar、Crt 和 Arc 长度决定，长度为 4 位。第二个加操作的长度由最长长度 Frx 决定，长度为 6 位。在第一个赋值中，加操作的溢出部分被丢弃；而在第二个赋值中，任何溢出的位存储在结果位 Frx[1] 中。

在复杂的表达式中，中间结果的长度如何确定？在 Verilog HDL 中定义了如下规则：表达式中的所有中间结果应取最大操作数的长度（赋值时，此规则也包括左端目标）。例如：

wire[4:1]Box,Drt；

wire[1:5]Cfg；

wire[1:6]Peg；

wire[1:8]Adt；

　…

assign Adt = (Box + Cfg) + (Drt + Peg)；

表达式右端的操作数最长为 6，但是将左端包含在内时，最大长度为 8。故，所有的加操作采用 8 位进行。例如：Box 和 Cfg 相加的结果长度为 8 位。

2. 无符号数和有符号数

进行算术操作和赋值时，要特别注意操作对象所存储数据的符号要求。部分类型数据固定被看作无符号数，例如线网、一般寄存器、基数形式的整数等。部分类型数据固定被看作有符号数，例如 integer 寄存器和一般形式的整数等。例如：

reg[5:0]RegA；　　　//reg 类型存储数据都被看作无符号数

integer IntB；　　　//integer 类型存储数据都被看作有符号数

…

RegA = −4'd12；　　//寄存器变量 RegA 的十进制数为 52,向量值为 110100

IntB = −4'd12；　　//整数 IntB 的十进制数为 −12,位形式为 110100

−4'd12/4　　　　　//被看作无符号数,即 1073741821

−12/4　　　　　　//被看作有符号数,即 −3

因为 RegA 是普通寄存器 reg 类型变量，6 位数据长度被看作无符号数。RegA 所存数据的原码为 101100，补码为 110100，看作无符号数的十进制是 52。在表达式 IntB = −4'd12 中，右端表达式相同，值为 'b110100，但此时被赋值为存储有符号数的整数寄存器。IntB 存储十进制值 −12（位向量为 110100）。

总之，同样的存储数据在最高位为 1 时，被看作有符号数和无符号数的结果可能完全不同。另外还要注意：

整数除法运算结果只保留整数部分。例如，6/5 结果为 1。

取模操作得到的是第一个操作数除以第二个操作数后的余数，结果的符号与第一个操作数相同。例如，6%5 结果为 1，而 -6%5 结果为 -1。

如果进行算术运算的操作数中包含 x 或 z，那么整个结果为 x。例如，'b110x1 + 'b01101 结果为不确定数 'bxxxxx

3.4.2 关系操作符

关系操作符如表 3-6 所示。关系操作符一般用在布尔表达式中，关系成立，结果为真，即值为 "1"；关系不成立，结果为假，即值为 "0"。如果操作数中有一位为 x 或 z，那么结果为 x。例如：

68 > 57 的结果为真（"1"），而 24 < 8'h15 的结果为假（"0"），4'b0x10 > 4'b0001 的结果为 x。

如果操作数长度不同，长度较短的操作数按照右对齐的方式，左侧补 0。例如：'b1000 >= 'b01110 等价于 'b01000 >= 'b01110，结果为假（"0"）。

在进行全等比较时，比较过程是进行逐位比较，只有每一位的状态都相同，则为全等，否则为不全等。当操作数中出现值 x 和 z 时，也是严格按位比较，且 x 和 x、z 和 z 是相同的。总之，全等和不全等的比较结果非真即假，非 1 即 0。而在除全等和非全等以外的其他关系操作符中，都是对操作数进行整体比较。因此，如果在操作数出现值 x 和 z，结果为未知的值 "x"。因此，除全等和不全等以外的关系操作，其操作可能的结果有真（"1"）、假（"0"）和未知 "x"。例如：

wire [3:0] data1, data2;
data1 = 4'b10x1;
data2 = 4'b10x1;

那么，表达式 data1 == data2 结果未知，值为 x，但 data1 === data2 为真，值为 1。

3.4.3 逻辑操作符

逻辑操作符如表 3-6 所示。这些操作符在逻辑值 0 或 1 上操作。逻辑操作的结果为 0 或 1。例如：

wire in0, in1;
in0 = 'b0; //0 为假
in1 = 'b1; //1 为真
in0 && in1 结果为 0(假)
in0 ‖ in1 结果为 1(真)
! in1 结果为 0(假)

对于向量操作，非 0 向量作为 1 处理。例如：

wire [3:0] A, B;
A = 4'b1010;
B = 4'b1100;

A ‖ B 结果为 1

A &&B 结果为 1

并且！A 与！B 的结果相同，都为 0。

如果任意一个操作数包含 x，则结果也为 x。例如，! x 的结果为 x。

3.4.4　按位操作符

按位操作符如表 3-6 所示。这些操作符对输入操作数的相应位上进行操作，并产生向量结果。按位操作符运算结果可参考表 3-7 ～表 3-11。其中，表 3-7 为按位与操作符运算表；表 3-8 为按位或操作符运算表；表 3-9 为按位异或操作符运算表；表 3-10 为按位同或操作符运算表；表 3-11 为按位取反操作符运算表。

表 3-7　按位与操作符"**&**"运算表

&	0	1	x	z
0	0	0	0	0
1	0	1	x	x
x	0	x	x	x
z	0	x	x	x

表 3-8　按位或操作符"｜"运算表

｜	0	1	x	z
0	0	1	x	z
1	1	1	1	1
x	x	1	x	x
z	x	1	x	x

表 3-9　按位异或操作符"^"运算表

^	0	1	x	z
0	0	1	x	x
1	1	0	x	x
x	x	x	x	x
z	x	x	x	x

表 3-10　按位同或操作符"~^/^~"运算表

~^/^~	0	1	x	z
^	0	x	x	
1	0	1	x	x
x	1	x	x	x
z	x	x	x	x

表 3-11　按位取反操作符"~"运算表

~	0	1	x	z
z	1	0	x	x

例如：

wire［3:0］A,B；

A = 'b1101；

B = 'b1001；

那么，A｜B 的结果为 1101，A&B 的结果为 1001。如果操作数长度不相等，那么长度较小的操作数在最左侧添 0 补位。例如，'b1010 ^'b10100 等同于 'b01010 ^'b10100。

3.4.5　缩位操作符

缩位操作符是对单一操作数所包含的所有位进行的操作，并产生 1 位结果。例如：

wire［3:0］A；

A = 4'b1011；

那么，&A 的结果为 0。&A 就是对 A 进行的缩位与操作，即 A 的各个位（1、0、1、1）之间进行按位与运算。缩位操作符及运算规则如表3-12所示。

表3-12 缩位操作符运算规则

缩位操作符	功　能	运　算　规　则
&	缩位与	如果存在位值为0，那么结果为0； 如果存在位值为x或z，结果为x；否则，结果为1
~&	缩位与非	如果存在位值为0，那么结果为1； 如果存在位x或z，结果为x；否则，结果为0
|	缩位或	如果存在位值为1，那么结果为1； 如果存在位值为x或z，结果为x；否则，结果为0
~|	缩位或非	如果存在位值为1，那么结果为0； 如果存在位值为x或z，结果为x；否则，结果为1
^	缩位异或	如果存在位值为x或z，那么结果为x； 否则操作数中有偶数个1，结果为0；否则，结果为1
~^	缩位同或	如果存在位值为x或z，那么结果为x； 否则操作数中有偶数个1，结果为1；否则，结果为0

例如：

wire [3:0] A,B;

A = 'b0110;

B = 'b0100;

那么，| B 的结果为1；&B 的结果为0； ~&A 的结果为1。

缩位异或操作符用于决定向量中是否有位为 x 或 z。例如，"A = 4'b01x0;"，则^A 的结果为 x。

3.4.6　移位操作符

移位操作符如表3-6所示。移位操作符左侧为操作数，右侧为移位的次数，它是一个逻辑移位。空闲位添 0 补位。如果移位次数的值为 x 或 z，则移位操作的结果为 x。例如：

reg[7:0]Qreg；

…

Qreg = 8'b0000_0111；

那么，"Qreg >> 2；"的结果是"8'b0000_0001"。Verilog HDL 中没有指数操作符。但是，移位操作符可用于支持部分指数操作。例如，如果要计算 Z^{mBits} 的值，可以使用移位操作实现。例如：32'b1 << NumBits　// NumBits 必须小于32。

3.4.7　条件操作符

条件操作符根据条件表达式的结果来选择需要执行的表达式。条件操作符等同于 if else 语句。语法格式如下：

cond_expr? expr1 :expr2

如果 cond_expr 为真（即值为1），则选择 expr1；如果 cond_expr 为假（值为0），则选

择 expr2。例如：

　　wire［0:2］Student = Marks > 18? Grade_A:Grade_C;

计算表达式 Marks > 18；如果真，则 Grade_A 赋值为 Student；如果 Mark <= 18，则 Grade_C 赋值为 Student。例如：

　　always

　　#5 Crt =（Ctr! = 25）?（Ctr + 1）:5;

过程赋值中的表达式表明，如果 Ctr 不等于 25，则加 1；否则，如果 Ctr 值为 25，则将 Ctr 值重新置为 5。

3.4.8　连接和复制操作符

连接操作符是将小表达式合并形成大表达式的操作，语法格式如下：

｜expr1,expr2,…,exprN｝

例如：

　　wire[3:0]A,B;

　　wire[7:0]C;

　　C[7:4] = ｛A[0],A[1],A[2],A[3]｝;　//以反转的顺序将低端 4 位赋给高端 4 位

　　A = ｛A[3:0],A[7:4]｝;　//高 4 位与低 4 位交换

连接操作符只能连接有明确长度的表达式。例如，｛A，5｝是不允许的。复制操作格式：

　　｛repetition_number｛expr1,expr2,…,exprN｝｝

例如：

　　wire[11:0] D;

　　D = ｛3｛4'b1011｝｝;　//位向量 12'b1011_1011_1011)

　　D = ｛｛4｛D[7]｝｝,D｝;　//符号扩展

　　｛3｛1'b1｝｝　//结果为 111

　　｛3｛Ack｝｝　//结果与｛Ack,Ack,Ack｝相同

思　考　题

1. Verilog HDL 的基本结构是什么？
2. Verilog HDL 的标识符有几种？分别有什么要求和功能？
3. 任务和函数有何作用和区别？
4. Verilog HDL 的数据类型有几大类？分别适用什么样的语言环境？
5. Verilog HDL 的操作符有几种？各有什么用途？

第 4 章　Verilog HDL 进阶

在上一章中已经初步介绍了 Verilog HDL 的一些基本要素，本章将在上一章内容的基础上，进一步介绍基于 Verilog HDL 的现代数字系统逻辑功能的实现方式、实现过程和实现方法。

4.1　内置门

内置门是 Verilog HDL 预定义的一些常用的门电路模型，可以用来实现门级电路的建模。Verilog IIDL 中提供 6 种内置门，分别是多输入门、多输出门、三态门、上拉/下拉电阻、MOS 开关和双向开关。

在门级逻辑设计描述中，可以使用具体的门实例语句。门实例语句的语法格式如下：

GateType[instance_name](term1,term2,…,termN);

其中，GateType 代表所用内置门的名称（关键词），或者称为需要定义的门类型，根据需要可以是 6 种内置门中的一种；“[ ]”表示所包含项目，属于可选项，即根据实际情况可以有也可以没有；instance_name 一般用来表示所定义门电路的编号，为可选项；term1 ~ termN 用于表示所定义门电路的输入端口和输出端口，端口的排列顺序根据所用门类型的不同，有不同的要求。

同一种门电路的多个实例可以在一个结构形式中定义，使用同一个内置门关键词，其语法格式如下：

GateType [instance_name1](term11,term12,…,term1N),

　　　　[instance_name2](term21,term22,…,term2N),

　　　　…

　　　　[instance_nameM](termM1,termM2,…,termMN);

instance_name1 ~ instance_nameN 为所定义的同属 GateType 类型的不同实例电路，并各自对应不同的输入/输出端口。在使用同一个 GateType 关键词定义多个同类门电路实例时，除了最后一个定义的实例语句以“;”结束外，其他实例语句都以“,”结束。

4.1.1　多输入门

内置的多输入门包括 6 种门电路：and（与门）、nand（与非门）、nor（或非门）、or（或门）、xor（异或门）和 xnor（同或门）。

所有的多输入门都只有一个输出和一个或多个输入。

多输入门实例的语法格式如下：

MultipleInputGateType[instance_name](OutputY,InputA,InputB,…);

其中，MultipleInputGateType 为所用多输入门的关键词（名称）；instance_name 作为所定义的实例门电路编号，属于可选项，可以根据情况保留或者去除。需要注意的是，第一个端口

OutputY 一定是输出端口，其他端口 InputA、InputB 等都是输入端口，输入端口之间的先后排列顺序没有具体要求，输入端口的数量根据实际设计需要可多可少。多输入门示例如图 4-1 所示。

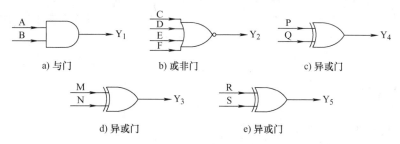

a) 与门　　　　　b) 或非门　　　　　c) 异或门

d) 异或门　　　　　e) 异或门

图 4-1　多输入门图例

其语言描述如下：

//实例 A1 定义为 and(与门),输出端口记为 Y1,包含两个输入端口 A、B

and A1(Y1,A,B);

//实例 A2 定义为 nor(或非门),输出端口记为 Y2,输入端口包括 C、D、E、F

nor A2(Y2,C,D,E,F);

/* 实例 A3、A4、A5 都定义为 xor(异或门),使用同一个关键词 xor 进行定义,输出端口分别记为 Y3、Y4、Y5,分别包含两个输入端口,其中 Y3 对应 M、N,Y4 对应 P、Q,Y5 对应 R、S */

xor A3(Y3,M,N),

　　 A4(Y4,P,Q),

　　 A5(Y5,R,S);

表 4-1 为多输入与门真值表；表 4-2 为多输入与非门真值表；表 4-3 为多输入或门真值表；表 4-4 多输入或非门真值表；表 4-5 为多输入异或门真值表；表 4-6 为多输入同或门真值表。注意针对输入端出现的 z 与 x 的处理方式相同，即同等对待，多输入门的输出没有 z 状态。

表 4-1　多输入与门真值表

and	0	1	x	z
0	0	0	0	0
1	0	1	x	x
x	0	x	x	x
z	0	x	x	x

表 4-2　多输入与非门真值表

nand	0	1	x	z
0	1	1	1	1
1	1	0	x	x
x	1	x	x	x
z	1	x	x	x

表 4-3　多输入或门真值表

or	0	1	x	z
0	0	1	x	x
1	1	1	1	1
x	x	1	x	x
z	x	1	x	x

表 4-4　多输入或非门真值表

nor	0	1	x	z
0	1	0	x	x
1	0	0	0	0
x	x	0	x	x
z	x	0	x	x

表 4-5 多输入异或门真值表

xor	0	1	x	z
0	0	1	x	x
1	1	0	x	x
x	x	x	x	x
z	x	x	x	x

表 4-6 多输入同或门真值表

xnor	0	1	x	z
0	1	0	x	x
1	0	1	x	x
x	x	x	x	x
z	x	x	x	x

4.1.2 多输出门

多输出门包括缓冲门 buf 和非门 not 两种。

多输出门都只有一个输入和一个或多个输出。

多输出门的语法格式如下:

MultipleOutputGate[instance_name](Y1,Y2,…,YN,A);

多输出门的最后一个端口一定是输入端口, 其余端口都是输出端口, 输出端口可以有一个或多个, 排列顺序没有具体要求, 即语法格式中, A 为输入端口, Y1 ～ YN 都是输出端口, 如图 4-2 所示。

其语言描述如下:

//实例 A1 定义为缓冲门 buf,有 4 个输出 Y1、Y2、Y3、Y4 和一个输入 A

buf   A1(Y1,Y2,Y3,Y4,A);

//实例 A2 定义为非门 not,同样包括 4 个输出和一个输入

not   A2 (Z1,Z2,Z3,Z4,B);

表 4-7 为多输出门真值表。

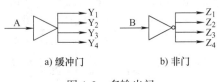

a) 缓冲门   b) 非门

图 4-2 多输出门

表 4-7 多输出门真值表

输　出	输　　　　入			
	0	1	x	z
buf	0	1	x	x
not	1	0	x	x

4.1.3 三态门

三态门有三种输出状态, 即高电平 (1)、低电平 (0) 和高阻态 (Z)。

内置三态门包括 4 种, 即 bufif0、bufif1、notif0 和 notif1。

内置三态门用于对三态驱动器建模。三态门包含一个数据输出端、一个数据输入端和一个控制输入端。三态门语法格式如下:

TristateGate[instance_name]   (Y,A,Con);

在定义三态门时, 端口列表的第一个端口 Y 一定是数据输出端; 第二个端口 A 一定是数据输入端口; 第三个端口 Con 一定是控制输入端口。控制端口的状态决定了三态门的输出是否是高阻态。三态门实例如图 4-3 所示。

其语言描述如下:

//对于实例 BF,当 EN 为高电平时,Y 等于 A,当 EN 为低电平时,Y 输出高阻态 Z

bufif1　　BF(Y,A,EN);

//对于实例 NT,当 nEN 为低电平时,Y 等于 B 的非运算,否则输出高阻态 Z

notif0　　NT(Z,B,nEN);

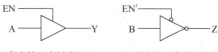

a) 高有效三态缓冲门BF　　　b) 低有效三态非门NT

图 4-3　三态缓冲门和三态非门

注意,每个三态门关键词尾缀的数字决定了所定义的三态门控制端的有效特性,即当尾缀为 1 时高有效,尾缀为 0 时低有效。当控制端有效时,输出状态取决于三态门数据输入状态,当控制端无效时,输出高阻态 Z,与数据输入状态无关。

4.1.4　上拉、下拉电阻

上拉电阻 pullup、下拉电阻 pulldown 这类门电路没有输入只有输出。上拉电阻将固定输出 1,而下拉电阻固定输出 0。这类门的语法格式如下:

PullGate[instance_name](OutputA);

门实例的端口表只包含 1 个输出。例如:

pullup　　PUP(POWER);

pulldown　PUD(GND);

4.1.5　MOS 开关

MOS 开关包括 6 种,分别是 cmos、pmos、nmos、rcmos、rpmos 和 rnmos。

MOS 开关用来为单向开关建模,即数据从输入流向输出,并且可以控制开关的通断。

pmos(P 类型 MOS 管)、nmos(n 类型 MOS 管),rnmos(r 代表电阻)和 rpmos 开关包含一个数据输出、一个数据输入和一个控制输入。

实例的语法格式如下:

MOSGate[instance_name](OutputA,InputB,ControlC);

MOSGate 为定义的 MOS 开关关键词,如 nmos 等。instance_name 为定义多开关的编号,属于可选项。第一个端口 OutputA 为数据输出;第二个端口 InputB 是数据输入;第三个端口 ControlC 是控制输入端。pmos 与 nmos 开关如图 4-4 所示。

nmos 和 rnmos 开关控制端都是高有效,pmos 和 rpmos 开关控制端都是低有效。即当 nmos 和 rnmos 开关的控制输入为高电平 1、pmos 和 rpmos 开关的控制输入为低电平 0 时,对应的 MOS 开关导通,输入数据被传送到输出端;否则开关关闭,对应输出为高阻态 Z。与 nmos 和 pmos 相比,rnmos 和

a) nmos开关　　　　　b) pmos开关

图 4-4　nmos 与 pmos 开关图例

rpmos 在输入引线和输出引线之间存在高阻抗,因此当数据从输入端传输至输出端时,对于 rpmos 和 rnmos,数据信号存在强度衰减。例如:

　　　pmos　　　P1(Y,A,ConC);

　　　rnmos　　RN1(RZ,B,ConD);

实例 P1 是 pmos 开关,开关的数据输入为 A,数据输出为 Y,控制信号为 ConC。在控制信号 ConC 为低电平 0 时,Y = A;否则,Y 输出高阻态 Z。实例 RN1 是 rnmos 开关,开关的数

据输入为 B，数据输出为 RZ，控制信号为 ConD。在控制信号 ConD 为高电平 1 时，RZ = B；否则，RZ 输出高阻态 Z。

cmos（mos 求补）和 rcmos（cmos 的高阻抗版本）开关有一个数据输出，一个数据输入和两个控制输入。cmos 开关如图 4-5 所示，其语法格式如下：

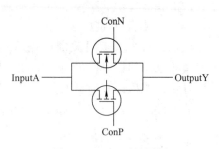

图 4-5　cmos 开关图例

cmos[inatance_name](OutputY,InputA,ConN,ConP)；

在对 cmos 开关进行实例化时，对应的端口列表中的第一个端口为数据输出端口 OutputY；第二个端口为数据输入端口 InputA；第三个端口为 N 通道控制输入 ConN（高有效）；第四个端口为 P 通道控制输入 ConP（低有效）。

cmos（rcmos）开关行为与带有公共输入、输出的 pmos（rpmos）和 nmos（rnmos）开关组合十分相似。例如：

Cmos CM1(OutputY,InputA,ConN,ConP)；

实例 CM1 在控制端 ConN = 1 和 ConP = 0 的情况下，OutputY = InputA。由于 cmos 和 rc-mos 都有两个控制输入端，且两个控制端独立控制，因此只有在两个控制输入端都无效的情况下，MOS 开关才能完全断开。

4.1.6　双向开关

前述 MOS 开关属于单向开关，数据的输入输出方向是固定的。而双向开关没有方向限制，任何数据端口都可以做输入或者输出，数据可以双向流动，类似于普通的开关电路。

双向开关有 6 种：tran、rtran、tranif0、rtranif0、tranif1 和 rtranif1。

rtran 为 tran 的高阻抗版本，tran 和 rtran 属于常通开关，不能被关闭。其余 4 个开关通过设置合适的控制信号来打开或关闭，属于可控双向开关。

tran 和 rtran 开关语法格式如下：

tran/rtran[instance_name]　(Signal A,Signal B)；

tran/rtran 开关的端口表只有两个端口，并且无条件地双向流动，即从 Signal A 向 Signal B，反之亦然。其他可控双向开关的语法格式如下：

GateType[instance_name](Signal A,Signal B,Control C)；

可控双向开关前两个端口是双向端口，即数据从 Signal A 流向 Signal B，反之亦然。第 3 个端口是通断控制信号。tranif0 和 rtranif0 的控制信号都是低有效（0），tranif1 和 rtranif1 的控制信号都是高有效（1）。在控制信号有效的情况下，对应的开关导通，否则开关断开。对于 rtran、rtranif0 和 rtranif1，当信号通过开关传输时，信号强度减弱。

4.1.7　门传输延时

利用门传输延时来定义从任何输入到其输出的传输延时，门传输延时可以在门自身实例语句中定义。带有传输延时定义的门实例语句的语法格式如下：

GateType［DelayTime］［instance_name］(TerminalList)；

语句中规定了从门的任意输入到输出的传输延时状态。延时时间是以"#"引导的一个十进制数字。当没有明确指定传输延时时，默认的延时值为 0。传输延时有 3 种类型：上升延时、下降延时、截止延时。

传输延时定义可以包含 0 个、1 个、2 个或 3 个延时值。表 4-8 为不同延时值条件下，各种具体的延时取值情形。

表 4-8　传输延时情形表

	0 个延时	1 个延时 （d）	2 个延时 （d_1，d_2）	3 个延时 （d_1，d_2，d_3）
上升沿	0	d	d_1	d_1
下降沿	0	d	d_2	d_2
转换到 x	0	d	d_1 和 d_2 中的最小值	d_1、d_2、d_3 中的最小值
转换到 z （截止）	0	d	d_1 和 d_2 中的最小值	d_3

注意：转换到 x 的延时，可以被显式定义，也可以通过其他定义的值决定。Verilog HDL 模型中的所有传输延时都以时间单位来表示。单位时间与实际时间的关联 （对应关系），可以通过 timescale 编译器指令指定。例如：

not　　　N1（Y,A）;

//没有明确指定延时值,默认为 0

nand　#6（Y,A,B）;

//只指定了一个延时值 6

上述与非门 nand，由于只指定了一个延时值 6，那么所有延时均为 6 个时间单位。即上升时延和下降时延都是 6 个时间单位。输出状态从其他状态转换到 x 的时延也是 6 个时间单位。由于与非门不会输出高阻态 Z，因此上述语句不涉及转换到 Z 的延时问题。

and #（3,5）（Y,A,B,C）;

//指定了两个延时值

在上述实例中，上升延时被指定为 3 个时间单位，下降延时指定为 5 个时间单位，转换到 x 的延时为 3 和 5 中间的最小值，即 3 个时间单位。

notif1 #（3,5,8）（Y,A,Con）;

//指定了 3 个延时值

在上述实例中，上升延时为 3 个时间单位，下降延时为 5 个时间单位，截止时延为 8 个时间单位，转换到 x 的延时是 3、5 和 8 中的最小值，即 3 个时间单位。

对多输入门 （如与门、或门等） 和多输出门 （缓冲门和非门） 总共只能定义 2 个延时 （输出没有 z 状态，不涉及转换到 Z 的延时）。三态门共有 3 个延时，并且上拉、下拉电阻不能指定任何延时。

门传输延时也可采用 min:typ:max 形式定义。min 代表最小值；typ 代表典型值；max 代表最大值。最小值、典型值和最大值都必须是常数表达式。

实例如下：

or　#（3:4:5,2:5:7）（Y,A,B）;

选择使用哪种延时通常作为模拟运行中的一个选项。例如，如果执行最大延时模拟，或门单元使用上升时延 5 和下降时延 7。程序块也能够定义门时延。

4.1.8　实例数组

当需要重复产生同样的门电路时，在实例描述语句中，可以有选择地定义范围说明。语法格式如下：

GateType［DelayTime］instance_name［leftbound:rightbound］(list_of_terminal_name)；

leftbound 和 rightbound 值是任意的两个整型常量表达式。对 leftbound 和 rightbound 的相对大小等没有要求。实例如下：

wire［3:0］OutY, InA, InB；

…

nand nand2in［3:0］(OutY, InA, InB)；

带有范围说明的实例语句与下述语句等价：

```
    nand    nand2in1 (OutY[3], InA[3], InB[3]),
            nand2in2 (OutY[2], InA[2], InB[3]),
            nand2in3 (OutY[1], InA[1], InB[1]),
            nand2in4 (OutY[0], InA[0], InB[0]);
```

注意定义实例数组时，实例名称 instance_name 必须有，不能省略；另外，多个实例语句共用一个模块关键词 GateType 时，除最后一个实例语句以符号"；"结束外，其他语句都以"，"结束。

4.1.9　内置门应用的简单实例

1. 四选一多路选择器

图 4-6 所示为四选一多路选择器原理电路图。下面是对该电路的门级描述：

```
module    MUX4x1 (Z, D0, D1, D2, D3, S0, S1);
    //端口声明
    output   Z;
    input    D0, D1, D2, D3, S0, S1;
    //过渡量声明,可忽略
    wire NS0, NS1, T0, T1, T2, T3;
    //利用内置门实现与运算
    and (T0, D0, NS0, NS1),
        (T1, D1, NS0, S1),
        (T2, D2, S0, NS1),
        (T3, D3, S0, S1);
    //利用内置门实现非运算
    not (NS0, S0),
        (NS1, S1);
    //利用内置门实现或运算
    or  (Z, T0, T1, T2, T3);
endmodule
```

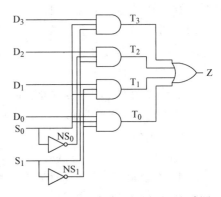

图 4-6　四选一多路选择器原理电路图

注意：因为实例名是可选项（除用于实例数组情况外），在门实例语句中没有指定实例名。如果或门实例表述为以下形式，是否可行？

or Z (Z,T0,T1,T2,T3)；

上述为非法的 Verilog HDL 表达式。因为或门对应的实例名是 Z，同时连接到实例输出端的线网也命名为 Z，即在同一模块中使用同一标识符表述不同的概念，这种情况在 Verilog HDL 中是不允许的。在同一模块中，同一标识符只能表述一个目标对象，可以是实例名称、临时线网名称、输入输出端口名称等。

2. 2 - 4 解码器

图 4-7 所示为 2 - 4 解码器的原理电路图，其门级描述如下：

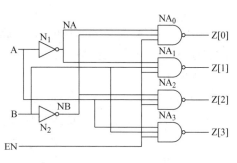

图 4-7　2 - 4 解码器原理电路图

```
'timescale 1ns/ 1ns
module DEC2X4 (A,B,EN,Z)；
//端口声明
input A,B,EN；
output [0:3] Z；
//类型声明
wire NA,NB；
//利用内置门实现非运算
not #1
    N1 (NA,A),//语句 1
    N2 (NB,B)；//语句 2
//利用内置门实现与非运算
nand #2
    NA0 (Z[0],EN,NA,NB),//语句 3
    NA1 (Z[1],EN,NA,B),//语句 4
    NA2 (Z[2],EN,A,NB),//语句 5
    NA3 (Z[3],EN,A,B)；//语句 6
endmodule
```

以反引号 "" 开始的第一条语句是编译器指令，编译器指令'timescale 将模块中所有时延的单位设置为 1ns，即时间精度为 1ns。例如，在连续赋值语句中时延值# 1 和# 2 分别对应时延 1ns 和 2ns。

模块 DEC2X4 有 3 个输入端口和 1 个 4 位输出端口。线网类型说明了两个连线型变量 NA 和 NB（连线类型是线网类型的一种）。此外，模块包含 6 个内置门实例语句。当 EN 在第 5ns 变化时，语句 3、4、5 和 6 执行。这是因为 EN 是这些连续赋值语句中右边表达式的操作数。Z[0] 在第 7ns 时被赋予新值 0。当 A 在第 15 ns 变化时，语句 1、5 和 6 执行。执行语句 5 和 6 不影响 Z[0] 和 Z[1] 的取值。执行语句 5 导致 Z[2] 值在第 17 ns 变为 0。执行语句 1 导致 NA 在第 16 ns 被重新赋值。由于 NA 的改变，反过来又导致 Z[0] 值在第 18ns 变为 1。

上述模块功能还可以利用连续赋值语句实现，实现过程如下：

```
'timescale 1ns/ 1ns
module DEC2X4 (A,B,EN,Z)；
input A,B,EN；
```

```
output [ 0 :3] Z;
wire NA,NB;
assign #1 NA = ~ A; // 语句1
assign #1 NB = ~ B; // 语句2
assign #2 Z[0] = ~ (NA & NB & EN); // 语句3
assign #2 Z[1] = ~ (NA & B & EN); // 语句4
assign #2 Z[2] = ~ (A & NB & EN); // 语句5
assign #2 Z[3] = ~ (A & B & EN); // 语句6
endmodule
```

请注意，连续赋值语句是如何对电路的数据流行为建模的，这种建模方式是隐式而非显式的建模方式。此外，连续赋值语句是并发执行的。也就是说，各语句的执行顺序与其在描述中出现的顺序无关。

3. 主从触发器

图 4-8 所示为主从 D 触发器的原理电路图，其门级描述如下：

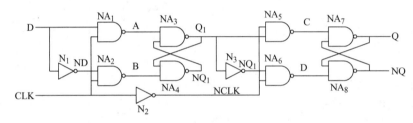

图 4-8　主从 D 触发器的原理电路图

```
module MSDFF(D,CLK,Q,NQ);
    //端口声明
    input D,CLK;
    output Q,NQ;
    //利用内置门简化方式同时实现多个非运算
    not
        N1 (ND,D),
        N2 (NCLK,CLK),
        N3 (NQ1,Q1),
    //利用内置门简化方式同时实现多个与非运算
    nand
        NA1 (A,D,CLK),
        NA2 (B,CLK,ND),
        NA3 (Q1,A,NQ1),
        NA4 (NQ1,B,Q1),
        NA5 (C,Q1,NCLK),
        NA6 (D,NQ1,NCLK),
        NA7 (Q,NQ,C),
        NA8 (NQ,Q,D);
endmodule
```

4. 优先编码器电路

图 4-9 所示为优先编码器的原理电路图，其门级模型描述如下：

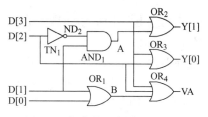

图 4-9　优先编码器原理电路图

```
modulecoder4 (D,Y,VA);
    //端口声明
    input [3:0] D;
    output [1:0]Y;
    output VA;
    //利用内置门实现非运算
    no    TN1(ND2,D[2]);
    //利用内置门实现与运算
    and    AND1(A,ND2,D[1]);
    //利用内置门简化方式同时实现多个或运算
    or    OR1(B,D[1],D[0]),
        OR2(Y[1],D[3],A),
        OR3(Y[0],D[3],D[2]),
        OR4(VA,D[3],D[2],B);
endmodule
```

4.2　用户原语

用户原语（User Defined Primitives，UDP）用来定义用于仿真的基本逻辑元件模块并建立相应的原语库。与一般的用户模块相比，UDP 更为基本，它只能描述简单的、能用真值表表示的组合或时序逻辑。

UDP 语法格式如下：

```
// UDP 在模块 module 外进行定义,也可以在单独的文本文件中定义
// UDP_name 为所定义的用户原语的名称,该名称由用户定义,须符合标识符的要求
// UDP 只能有一个输出,但可有一个或多个输入
//端口列表中的第一个端口必须是输出端口
primitive UDP_name (OutputName,List_of_inputs)
//用户原语要指明端口列表中的各个端口的输入或输出的方向
Output_declaration
List_of_input_declarations
[Reg_declaration]
[Initial_statement]
//该表以关键词"table"开始,以关键词"endtable"结束
table
    // List_of_tabel_entries 给出用户原语的输入输出对应关系列表,类似于真值表
    List_of_tabel_entries
endtable
endprimitive
```

此外，输出可以取值 0、1 或 X（不允许取 Z 值）。输入中出现 Z 看作 X。在 UDP 中可

以描述两类行为：组合电路和时序电路（边沿触发和电平触发）。

4.2.1 组合电路 UDP

在组合电路 UDP 中，规定了不同的输入组合和相对应的输出值之间的一一对应的关系。没有在列表中指定的任意组合，对应的输出为 X。下面以 2 - 1 多路选择器为例加以说明。2 - 1 多路选择器框图如图 4-10 所示。

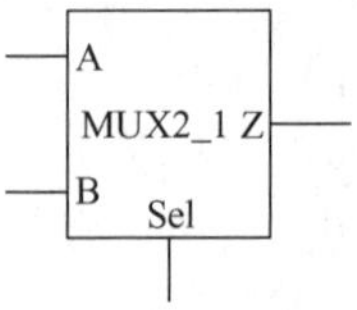

```
// UDP 名称 MUX2_1,Z 为输出,Sel,A,B 为输入
primitive MUX2_1(Z,Sel,A,B);
//明确声明端口方向
output Z;
input Sel,A,B;
//UDP 列表开始关键词
table
//输入输出按照以下顺序进行对应
//    Sel    A    B  :  Z ;
      0      0    ?  :  0 ;
      0      1    ?  :  1 ;
      1      ?    0  :  0 ;
      1      ?    1  :  1 ;
      x      ?    ?  :  0 ;
//UDP 列表结束关键词
endtable
endprimitive
```

图 4-10 2 - 1 多路选择器框图

MUX2_1 为所定义的 UDP 名称，关键词"output"和"input"指明端口列表中的各个端口的方向，其中 output 表示输出，input 表示输入。关键词"："前为输入信号的状态组合列表，后面是特定输入组合对应的输出状态，以"；"结束。状态组合的排列顺序和端口列表中输入端口的出现顺序一致。如上述实例中端口列表为"（Z，Sel，A，B）"，其中对应的输入顺序是"Sel，A，B"，例如"0 0 ?"分别对应"Sel = 0、A = 0、B = ?"。字符? 代表任意值，即可以是 0、1 或 x。在表中没有出现的输入组合，输出的默认值为 x。

图 4-11 所示为使用 2 - 1 多路选择器原语，组成的 4 - 1 多路选择器。

```
module MUX4_1 (Sel,D,Y);
//端口声明
input [3:0] D;
input[2:1]Sel;
output Y;
//参数定义
parameter tRISE = 2,tFALL = 3;
//类型声明
wire [1:0] z;
//功能描述,模块调用
MUX2_1 #(Trise,tFALL)
```

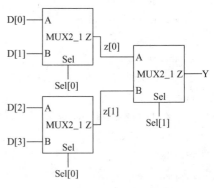

图 4-11 4 - 1 多路选择器

(z[0],Sel[0],D[0],D[1]),

(z[1],Sel[0],D[2],D[3]),

(Y,Sel[1],z[0],z[1]);

endmodule

本例中，UDP 共指定 2 个时延，这是由于 UDP 的输出可以取值 0、1 或 x（无截止时延）。语句"wire [1:0] z;"定义了两个中间线网变量 z[0] 和 z[1]。

4.2.2　时序电路 UDP

在时序电路 UDP 中，使用 1 位寄存器描述内部状态，该寄存器的值为时序电路 UDP 的输出值。时序电路 UDP 利用寄存器当前输出值和输入值共同决定时序电路输出的下一个状态值。

时序电路 UDP 与组合电路 UDP 的语法上的区别主要在于列表的方式不同。由于组合逻辑电路只有对应的输入和当前的输出，因此组合电路的格式是"A：Y;"，其中 A 为输入，Y 为输出。时序逻辑电路除了当前的输入和输出外，还有对应的下一个时刻的状态，时序电路的列表格式利用两个"："对各个状态进行分组，即"D：Q：Q^*;"，其中 D 是输入组合状态，Q 是当前时刻的输出状态，Q^*是满足电路触发条件之后由当前输入和前一时刻状态 Q 共同决定的下一时刻的输出状态。

状态寄存器的初始化，即时序电路 UDP 的状态初始化，可以使用带有一条过程赋值语句的初始化语句实现，其格式如下：

initial reg_name=0;

时序电路 UDP 共有两种不同类型：一种是电平触发行为；另一种是边沿触发行为。

1. 电平触发的时序电路 UDP

下面是高电平触发的 D 触发器的时序电路 UDP 实例。在该实例中，当触发时钟为高电平（1）时，数据就从输入传递到输出（Q^*=D）；否则，输出保持不变。高电平 D 触发器结构框图如图 4-12 所示。

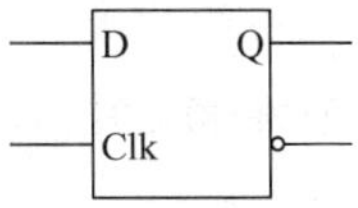

//关键词 primitive 后是 UDP 名称 D_FF

primitive D_FF (Q,Clk,D);

//端口声明

图 4-12　高电平 D 触发器结构框图

output Q;

input Clk,D;

//时序电路 UDP 中,输出类型声明为 reg 类型

reg Q

table

//按照如下顺序对应状态,其中 Q 为当前输出状态,Q^*为满足触发条件后的下一个状态

```
//    Clk    D  :  Q  :  Q*  ;
      1      1  :  ?  :  1   ;
      1      0  :  ?  :  0   ;
      0      ?  :  ?  :  -   ;
```

//"－"字符表示状态"无变化"

endtable

endprimitive

63

2. 边沿触发的时序电路 UDP

在 UDP 描述中，以"（）"括起来的 0、1、x 表示时序状态的变化关系，例如（01）表示状态从低电平 0 变化到高电平 1，即产生了一个上升沿。注意，在两个字符 0 和 1 中间没有空格。

下例是 UDP 描述的上升沿触发的 D 触发器，初始化语句用于初始化触发器的状态。上升沿触发的 D 触发器模电模块图如图 4-13 所示。

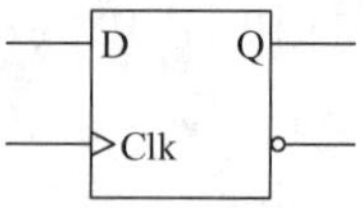

图 4-13 上升沿触发的 D 触发器模块图

```
primitive    D_Edge_FF  （Q,Clk,Data）;
output   Q;
input   Clk,Data;
//时序电路 UDP 输出类型声明
reg   Q;
//利用 initital 语句初始化输出状态
initital Q = 0;
table
// Clk    Data    :    Q    :    Q* ;
   (01) 0         :    ?    :    0  ;
   (01) 1         :    ?    :    1  ;
   (0x) 1         :    1    :    1  ;
   (0x) 0         :    0    :    0  ;
   (? 0)    ?     :    ?    :    -  ;
//上述(01)、(0x)、(x1)均表示为上升沿状态
//忽略时钟负边沿
   ?     ?        :    ?    :    -  ;
//忽略在稳定时钟上的数据变化
endtable
endprimitive
```

上述实例中，（01）表示 Clk 的状态从低电平 0 转换到高电平 1、（0x）表示 Clk 状态从低电平 0 转换到不确定状态 x、（x1）表示 Clk 的状态从不确定状态 x 转换到高电平 1。注意，对任意未表明或为明确定义的转换状态的出现，对应的时序电路的输出默认为不确定状态 x。

上述由 UDP 定义的功能块 D_ Edge_ FF 可以在顶层模块中被自由调用，由 D 触发器构成的 4 位移位寄存器如图 4-14 所示。

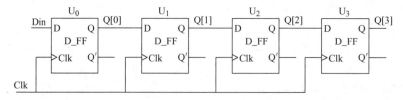

图 4-14 4 位移位寄存器

64

利用 UDP 产生的触发器电路只有一个输出，标准触发器一般有 Q 和 Q'两个输出，可以通过调用 UDP 描述产生完整的触发器模型：

```
module D_Edge_FF2 (Clk,D,Q,nQ);
input Clk,D;
/*端口名称属于标识符,必须符合标识符的要求,在标识符中没有单引号,在此用 nQ 表示 Q' */
output Q,nQ;
D_Edge_FF (Q,Clk,D);
//利用连续赋值语句实现非运算
assign nQ = ~ Q;
/* 也可以用如下语句实现非运算,同一功能的实现方式往往是多种多样的,需要根据情况合理选择 */
not (nQ,Q);
endmodule;
```

调用完整的触发器产生的 4 位移位寄存器描述如下：

```
module   Reg4 (Clk,Din,Q);
input Clk;
input   Din;
//输出端口为 4 位的数据 Q,包括 Q[3]、Q[2]、Q[1]、Q[0]
output [3:0] Q;
//以下为调用触发器模块 D_Edge_FF 的实例语句,编号分别为 U0、U1、U2、U3
//下述调用方式为 4 个实例共用同一个模块名,注意各个语句后面的标点符号的区别
D_Edge_FF   U0   (Q[0],Clk,Din),
            U1   (Q[1],Clk,Q[0]),
            U2   (Q[2],Clk,Q[1]),
            U3   (Q[3],Clk,Q[2]);
endmodule
```

从上述调用 module 模块方式和调用 UDP 方式看出，两者的调用方式没有区别。

3. 边沿触发和电平触发的混合 UDP 描述

在同一个 UDP 表中，可以混合电平触发和边沿触发。在这种情况下，边沿变化在电平触发之前处理，即电平触发项覆盖边沿触发项。两种触发方式的 D 触发器模块图如图 4- 15 所示。

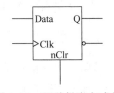

图 4-15　两种触发方式的
D 触发器模块图

实例实现过程如下：

```
//带异步清零的 D 触发器的 UDP 描述,只有一个输出 Q
primitive D_Async_FF(Q,Clk,nClr,Data);
//UDP 端口方向声明
output Q;
input   Clk,nClr,Data;
//时序电路 UDP 输出端口类型声明为 reg
reg   Q;
//UDP 列表起始关键字
table
// Clk    nClr    Data :   Q   :    Q * ;
```

65

（??）	0	?	:	?	:	0	;
?	0	?	:	?	:	0	;
（01）	1	0	:	?	:	0	;
（01）	1	1	:	?	:	1	;
（? 0）	1	?	:	?	:	-	;
?	1	?	:	?	:	-	;

//UDP 列表结束关键字

endtable

//UDP 结束

endprimitive

上述 UDP 列表中（??）代表任意的边沿状态,? 代表任意的电平状态。

出于完整性考虑, 表 4-9 列出了所有 UDP 原语中符号的可能值, 供参考。

表 4-9　UDP 原语符号的可能值

符　号	含　义	符　号	含　义
0	逻辑 0	（AB）	从 A 变成 B
1	逻辑 1	*	等同于（??）
x	未知	r	等同（01）
?	任意（0/1/x）	f	等同（10）
b	任意（0/1）	p	等同（01）（0x）（x1）
-	不变	n	等同（10）（1x）（x0）

4.3　数据流建模

数据流建模是按照数据从输入到输出的传输方向, 描述数字电路结构的一种方式。连续赋值语句用于数据流建模。

4.3.1　连续赋值语句

连续赋值语句的赋值对象一定是线网类型, 不能用寄存器类型。连续赋值语句属于并行执行语句, 即连续赋值语句的执行顺序与所书写的先后顺序无关, 先写的不一定先执行, 后写的不一定后执行, 其执行顺序取决于连续赋值语句所携带的敏感量的变化, 当有敏感量发生变化时, 对应的连续赋值语句自动执行。连续赋值语句只能在可以放置并行执行语句的地方使用。

连续赋值语句的语法格式如下：

assign　LHS_target = RHS_expression;

关键词 assign 是连续赋值语句的标志。

例如：

//线网说明

wire [3:0] Y,dataH,dataL;

//连续赋值语句

assign Y = dataH & dataL;

　　连续赋值的目标为 Y，赋值数据为表达式右端的 "dataH & dataL"，assign 为连续赋值语句的关键词。连续赋值语句为并行执行语句，赋值语句右侧表达式所包含的所有参数称为敏感量。当有敏感量的状态发生变化时，赋值语句右侧的表达式自动进行运算，如果表达式的值发生变化，则连续赋值语句自动执行，以获得新的表达式结果。

　　在上面的例子中，如果 dataH 或 dataL 变化，则计算右边的表达式；如果结果变化，将结果赋值到线网 Z。

　　连续赋值的目标类型包括标量线网、向量线网、向量的常数型位选择、向量的常数型部分选择、上述类型的任意拼接运算结果。下面是连续赋值语句的一些例子：

Assign　Y = A1^ (A2&A3);

　　任意时刻，只有当 A1、A2、A3 中的任意一个或多个发生变化，连续赋值语句自动进行运算和赋值。

assign　Z = ~((A|B)&(C|D)&(E|F));

　　只要 A、B、C、D、E 和 F 中的任何一个或多个的值发生变化，连续赋值语句就会执行，计算右边整个表达式的值，将结果赋给目标 Z。

　　连续赋值语句可以通过连接符 "{ }"，将一个表达式的结果按照一定规律赋值给多个对象。例如：

module　Adder(S,A,B,Co,Ci);

input　A,B,Ci;

output　S,Co;

/* Co 和 S 都是 1 位数据,通过{Co,S}将 Co 和 S 合并为一个两位的数据,其中 Co 是高位,S 是低位 */

assign {Co,S}　= A + B + Ci;

endmodule

　　上述实例是一位全加器。其中，A、B 是加数和被加数；Ci 是低位向当前位的进位；Co 是当前位向高位的进位。{Co, S} 表示将 Co 和 S 连接成两位的数据，表达式 "A + B + Ci" 产生的是两位数据，其中低位是当前位运算的 "和"，需要赋值给 S；高位是进位，需要赋值给 Co。多个连续的赋值语句可以共用一个关键词 "assign"。例如：

integer S;

assign　Mux4 = (S = = 0)?　A : 'bz;

assign　Mux4 = (S = = 1)?　B : 'bz;

assign　Mux4 = (S = = 2)?　C : 'bz;

assign　Mux4 = (S = = 3)?　D : 'bz;

　　上述 4 个连续赋值语句可以表示成如下形式：

assign　Mux4 = (S = = 0)? A : 'bz,

　　　　Mux4 = (S = = 1) ? B : 'bz,

　　　　Mux4 = (S = = 2) ? C : 'bz,

　　　　Mux4 = (S = = 3) ? D : 'bz;

4.3.2　线网说明赋值

　　线网说明赋值就是在对线网类型进行定义的同时，对所定义的对象进行赋值，类似于 C 语言中变量定义的同时进行赋值，即连续赋值可作为线网类型说明的一部分，这样的赋值被称为线网说明赋值。例如：

wire　　[3:0] Data = 4'b1001;

wire　　nRd = 1'b1;

等同于：

wire　　[3:0] Data;

assign Data　= 4'b1001;

wire　　nRd;

assign nRd = 1'b1;

不允许在同一个线网上出现多个线网说明赋值。如果多个赋值是必须的，则必须使用连续赋值语句。

4.3.3　延时

延时可以采用赋值语句延时，也可以采用线网延时。

1. 赋值语句延时

如果在连续赋值语句中没有定义延时，则默认延时为 0，即赋值语句右端表达式的值立即赋给左端表达式。如"assign nRd = A | B;"，当 A 或 B 的状态发生变化时，立即进行 A | B 运算，将新的结果立即赋值给 nRd。

　　　//显式定义连续赋值的延时

　　　assign #6 nRd = A | B;

上述连续赋值语句指定了 6 个时间单位的延时，右边表达式的结果需经过 6 个时间单位的延时赋给左边目标。例如，如果在时刻 5，A 的状态值发生变化，则赋值语句右侧的表达式被自动重新计算，并且 nRd 在时刻 11（5 + 6）获得新值。连续赋值语句延时示意图如图 4-16 所示。

在图 4-16 中可以看出，A 在时刻 5 发生变化，经过 6 个时间单位到时刻 11 时，输出 nRd 获得新的状态 1。B 在时刻 30 发生变化，经过 6 个时间单位到达时刻 36 时，输出 nRd 获得新的状态 0。

如果连续赋值语句的左侧赋值目标在获得新的计算结果前，赋值语句右侧的状态再次发生变化，那么赋值语句左侧将获得最新的状态结果。这种情况也称为敏感量变化快于延时，如图 4-17 所示。

assign #7 Y = A;

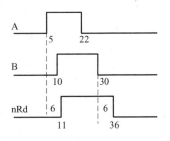

图 4-16　连续赋值语句延时示意图

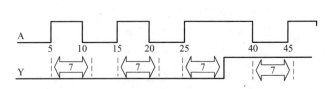

图 4-17　敏感量变化快于延时示意图

从图 4-17 可以看出，当敏感量 A 第一次在时刻 5 发生变化时，正常在经过 7 个时间单位后，在时刻 12 输出 Y 将获得新的状态。但在时刻 12 到来时，敏感量 A 的状态又变换回原来的状态，因此在时刻 12 时输出 Y 没有获得时刻 5 ~ 10 中 A 的状态。同理，在后续的时刻 15 和时刻 40 对应的状态，输出 Y 都没有获得对应的状态。而在时刻 25 的状态，输出 Y 可以在经过 6 个时间单位后正常获得对应的状态。

连续赋值语句总共能够指定 3 类延时值，即上升延时、下降延时和关闭延时。这 3 类延时的语法格式如下：

assign # (RiseTime, FallTime, TurnoffTime)　Target = Expression；

下面是 3 类延时值定义的情况说明：

assign #4 Y = A | B；

上述连续赋值语句只指定了一个延时值，则该延时同时应用于上升延时、下降延时和关闭延时均为 4 个时间单位。

assign #(4,8) Y = A；

上述语句指定了两个延时值，则对应的上升延时为 4 个时间单位，下降延时是 8 个时间单位，关闭延时是 4 和 8 中的最小值，即 4 个时间单位。

assign #(4,8,6) Y = & A；

上述语句指定了 3 个延时值，则对应的上升延时为 4 个时间单位，下降延时为 8 个时间单位，关闭延时为 6 个时间单位。

2. 线网延时

在进行线网说明时，也可以加入延时，如 "wire #5 A；"。线网延时对所有向该线网赋值的语句均有效。例如：

assign Y = ~A；

A 的变化波形如图 4-18 所示。

A 在时刻 10 发生变化，由于存在线网延时，输出 Y 在经过 5 个时间单位后发生变化。A 在其他时刻的变化同样都经过 5 个时间单位后才引起输出状态的变化。需要注意的是，如果延时出现在线网说明的赋值当中，那么对应的是赋值延时，而不是线网延时。例如：

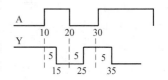

图 4-18　连续赋值语句波形图

wire #5 Y = A&B；

上述语句的说明存在赋值过程，那么指定的延时就是赋值延时，而不是线网延时。

wire #5 Y；

上述语句只做线网说明，所以对应的延时才是线网延时。

4.4　行为建模

行为建模主要通过 initial 语句和 always 语句实现。

一个模块中可以包含 0 个或多个 initial 或 always 语句。initial 语句和 always 语句都是并行执行语句。一个 initial 语句或 always 语句的执行，产生一个单独的控制流，所有的 initial 和 always 语句都在 0 时刻开始并行执行。而且二者的赋值对象都一定是寄存器类型，而不能是线网类型。因此在使用上述两种语句对输出对象进行赋值等操作时，务必事先将该输出对象的类型声明为寄存器类型。

4. 4. 1　initial 语句

initial 语句是初始化语句，在仿真模拟开始时执行，即在 0 时刻开始执行，且只执行一次。initial 语句一般用来设置某些对象或变量的初始状态，也可以用来产生特定的输出波形。

initial 语句的语法格式如下：

initial

［timing_control］procedural_statement

其中，procedural_ statement 可以是下列语句：

//阻塞或非阻塞性过程赋值语句

procedural_assignment(blocking or non – blocking)

procedural_continuous_assignment

conditional_statement

case_statement

loop_statement

wait_ statement

disable_ statement

event_trigger

sequential_block

parallel_block

task_enable(user or system)

procedural_statement 可以是并行过程（fork…join），也可以是顺序过程（begin…end），其中最常使用的是顺序过程。时序控制 timing_control 可以是时延控制，即等待一个确定的时间；也可以是事件控制，即等待确定的事件发生或某一特定的条件为真。initial 语句的各个进程语句仅执行一次，进程语句中出现的时间控制，在以后的某个时间完成执行。initial 语句实例如下：

reg Q；

…

initial

Q ＝ 1'b0；

上述 initial 语句中，包含无时延控制的过程赋值语句，initial 语句在 0 时刻执行，Q 在 0 时刻被赋值为低电平 0。下例是一个带有时延控制的 initial 语句。

reg nQ；

…

initial

#2 nQ ＝1'B1；

initial 语句在 0 时刻开始执行，在 2 个时间单位后（#2），完成寄存器变量 nQ 的赋值。下例为带有顺序过程的 initial 语句。

parameter SIZE ＝1024；

reg［7:0］RAM［SIZE – 1:0］；

reg Q；

　　initial

```
    begin : mem
    integer Index;
    Q = 0;
    for ( Index = 0;Index < SIZE; Index = Index + 1)
        RAM[ Index] = 0;
end
```

顺序过程由关键词 begin…end 定界，它包含顺序执行的进程语句。mem 是顺序过程的标记，如果过程中没有局部说明部分"integer Index;"标记，则 mem 可以省略。for 语句为循环控制语句，只能用在 initial 或 always 语句中，后续将有详细介绍。

下例是另一个带有顺序过程的 initial 语句。此例中，顺序过程为包含时延控制的赋值语句。

```
//波形生成:
parameter DELAY = 5;
reg   Q;
…
initial
begin
    Q = 1'b0;
    # DELAY Q = 1'b1;
    # DELAY Q = 1'b0;
    # DELAY Q = 1'b1;
end
```

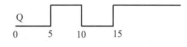

图 4-19　包含时延控制的输出波形图

上述语句输出的结果对应的波形如图 4-19 所示。

4.4.2　always 语句

与 initial 语句不同，always 语句重复执行，其语法格式如下:

always [tining_control] procedural_statement

过程语句 procedural_ statement 和时延控制 tining_ control 的描述方式与 initial 语句相同。例如:

```
    always
    #5 C1k = ~C1k;
```

上述语句将无条件地无限循环执行，产生一个无休止的方波信号，信号周期为 10 个时间单位，占空比为 50%。

一般情况下，always 语句的执行会附加必要的条件控制，即只有在特定的条件或特定的事件发生的情况下才允许执行对应的语句。例如下面是由事件"@ (posedge CLK)"控制的 always 实现的计数器，只有在有脉冲上升沿到来时，才会启动执行后续的计数操作语句。

/* 下述实例代码中，一位赋值对象 C 和 4 位赋值对象 Q 将在 always 语句中获得新的状态值，因此必须显式声明为寄存器类型，否则在进行程序的逻辑综合时将报错 */

```
reg C;
reg [3:0] Q;
wire CLK;
```

```
always
//CLK 的状态决定了该 always 语句何时会被执行
    @ ( posedge CLK )
begin
    if( Q < = 8 )
        Q = Q + 1;
    else
        Q = 0;
    if( Q == 9 )
        C  =  1;
    else
        C  =  0;
end
```

当 initail 或 always 包含多个语句时，可以使用 begin…end 包含所有语句，所包含的语句都是顺序执行的。begin…end 语句组合的作用就相当于 C 语言中的 " ｛｝"，起到将多个语句合并为一个语句的作用。always 后面的@（posedge CLK）起到控制后续语句在什么时候执行的目的，即当 CLK 发生一个上升沿事件时，后续的顺序语句才会执行。如果没有@（posedge CLK）条件，那么 always 引导的后续语句将无条件循环执行。

4.4.3 事件控制

一般情况下，always 语句的执行会附加必要的条件控制，即 always 的过程语句是基于事件执行的，有两种类型的事件控制方式：边沿触发事件控制和电平敏感事件控制。

1. 边沿触发事件控制

边沿触发事件控制的语法格式：

@ event   procedural_statement

例如：

  @ (posedge Clock)

  Curr_State = Next_State;

执行带有事件控制的进程语句，必须等到特定事件发生。Posedge 代表上升沿，negedge 代表下降沿。上例中，如果 Clock 信号从低电平变为高电平，就执行赋值语句，否则进程被挂起，直到 Clock 信号产生下一个正跳边沿。下面是进一步的实例。

  @ (negedge Reset)

  Count = 0;

  @ Cla   C = C + 1;

在第一条语句中，赋值语句只在 Reset 上的负沿执行。第二条语句中，当 Cla 上有事件发生时，C 的值被增加 1。也可使用如下形式；

  @ event;

该语句触发一个等待，直到特定的事件发生。下面是确定时钟在 initial 语句中使用的一个例子。

initial

begin

//等待,直到在时钟 CLK 上发生正边沿

@(posedge CLK);

Y = D;

end

多个事件之间也能够相"或",用以表明"如果有多个事件中的任何一个或多个发生",都会执行后续语句。例如:

//当 Clear 出现上升沿或 Reset 出现下降沿时执行后续的语句

@(posedge Clear or negedge Reset)

Q = 0;

//当 Ctrl_A 或 Ctrl_B 的状态有任何变化时,执行后续的语句

@(Ctrl_A or Ctrl_B)

Dbus = 'bz;

注意:关键字 or 并不是表达式中的逻辑或,而是表示前后两个事件中的任何一个发生都可以。在 Verilog HDL 中,posedge 和 negedge 分别是正沿和负沿的关键字,它们可能是表 4-10 中转换形式的一种。

表 4-10　正沿和负沿的转换形式

边　沿	转　换　形　式				
正边沿	1 -> x	0 -> z	0 ->1	x -> 1	z -> 1
负边沿	1 -> x	1 -> z	1 -> 0	x -> 0	z -> 0

2. 电平敏感事件控制

在电平敏感事件控制中,进程语句或进程中的过程语句,一直延迟到条件变为真后才执行。电平敏感事件控制的语法格式如下:

wait(Condition)

procedural_Statement

过程语句只有在条件为真时才执行,否则过程语句一直等待。如果执行到该语句时条件已经为真,那么过程语句立即执行。在上面的表示形式中,过程语句是可选的。例如:

wait(Sum > 22)

//当 Sum 的值大于 22 时,Sum 才清零

Sum = 0;

wait(DataReady)

//当 DataReady 为真时,将 Bus 赋给 Data

Data =Bus;

//延迟至 Preset 变为真时,执行后续语句

wait(Preset);

4.4.4　语句块

语句块将两条或更多条语句组合,成为在语法结构上相当于一条语句,类似于 C 语言中的"{}"。在 Verilog HDL 中有两类语句块,即顺序语句块(begin…end)和并行语句块(frok…join)。

语句块内可以附加标识符，语句块的标识符为可选项。如果有标识符，则寄存器变量可在语句块内部声明。带标识符的语句块可被引用。例如，语句块可使用禁止语句来禁止执行。此外，语句块标识符是唯一标识寄存器的方式。应注意所有的寄存器均是静态的，即它们的值在整个模块运行中不变。可参看后续实例。

1. 顺序语句块

顺序语句块 begin…end 中的语句按顺序方式执行，每条语句中的延时值与其前面语句执行的模拟时间相关。一旦顺序语句执行结束，跟随顺序语句的下一条语句继续执行。顺序语句块的语法格式如下：

```
begin
[:block_id{declarations}]
procedural_statement(s)
end
```

例如：

```
//产生波形：
begin:CLKINT
#2 CLK = 1;
#4 CLK = 0;
#5 CLK = 1;
#6 CLK = 0;
#2 CLK = 1;
#1 CLK = 0;
end
```

顺序语句块在第 0 个时间单位开始执行。两个时间单位后，即第 2 个时间单位时，第 1 条语句执行。第 2 条语句在第 6 个时间单位执行，因为延迟 4 个时间单位。第 3 条语句在第 11 个时间单位执行，以此类推。该顺序语句块执行过程中，产生的输出波形如图 4-20 所示。

图 4-20　利用顺序语句产生的输出波形图

下面是顺序过程的另一实例。

```
begin
Pat = Mask | Mat;
@(negedge Clk);
FF = & Pat;
end
```

在该例中，第 1 条语句首先执行，然后执行第 2 条语句。当然，第 2 条语句中的赋值只有在 CLK 上出现负边沿时才执行。下面是顺序过程的另一实例。

```
begin:SEQ_BLK
reg[0:3]Sat;
Sat = Mask & Data;
FF = ^ Sat;
end
```

此例中，顺序语句块带有标记 SEQ_ BLK，并且有一个局部寄存器说明。

2. 并行语句块

并行语句块 frok…join，各语句并行执行。语句块内的各条语句所指定的延时值，都与语句块开始执行的时间相关。当并行语句中最后的动作执行完成时（最后的动作并不一定是最后的语句），并行语句块后面的其他顺序语句块才能继续执行。或者说并行语句块内的所有语句执行结束，才算并行语句块执行完。并行语句块语法如下：

```
frok
[ :block_id{declarations} ]
procedural_statement(s);
join
```

例如：

```
//生成波形：
frok
#2 CLK = 1;
#7 CLK = 0;
#10 CLK = 1;
#14 CLK = 0;
#16 CLK = 1;
#21 CLK = 0;
join
```

如果并行语句块在第 0 个时间单位开始执行，那么所有的语句都并行执行，并且所有的时延都是相对于 0 时刻的。即第 1 个赋值在第 2 个时间单位开始执行，第 2 个赋值在第 7 个时间单位开始执行，第 3 个赋值在第 10 个时间单位执行，以此类推。其产生的波形如图 4-21 所示。

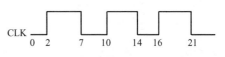

图 4-21　利用并行语句产生的波形图

下例混合使用了顺序语句块和并行语句块，以强调两者的不同之处。

```
always
begin:SEQ_1
#5 A = 4;           //S1
frok:PAR_1         //S2
#5 B = 8;           //P1
begin:SEQ_2        //P2
C = D;             //S6
E = D;             //S7
end
#2 F = 12;          //P3
#3 G = 32;          //P4
#5 H = 14;          //P5
join
#2 I = 10;          //S3
```

```
#8   J = 4;              //S4
end
```

always 语句中包含顺序语句块 SEQ_ 1，并且顺序语句块内的所有语句（S1、S2、S3、S4）顺序执行。因为 always 语句在 0 时刻执行，A 在第 5 个时间单位被赋值为 4，并且并行语句块 PAR_ 1 在第 5 个时间单位开始执行。并行语句块中的所有语句（P1、P2、P3、P4 和 P5）在第 5 个时间单位并行执行。这样 B 在第 10 个时间单位被赋值。F 在第 7 个时间单位被赋值，G 在第 8 个时间单位被赋值，H 在第 10 个时间单位被赋值。顺序语句块 SEQ_2 在第 5 个时间单位开始执行，并导致该顺序块中的语句 S6、S7 依次被执行；I 在时间单位 12 被赋新值。因为并行语句块 PAR_ 1 中的所有语句在第 10 个时间单位完成执行，语句 S3 在第 12 个时间单位被执行，在第 20 个时间单位 J 被赋值。

4.4.5　过程性赋值

过程性赋值是在 initial 语句或 always 语句内的赋值，它只能对寄存器数据类型的变量赋值。表达式的右端可以是任何表达式。例如：

```
reg[3:0] En,A,B;
…
#5 En = A | B;
```

En 为寄存器类型。根据延时控制，赋值语句被延迟 5 个时间单位执行，右端表达式被计算，并赋值给 En。过程性赋值与其周围的语句按照书写顺序先后执行。过程性赋值的 always 语句实例如下：

```
always
@(A or B or C or D)
begin:AOI
reg Temp1,Temp2,Temp3;
Temp1 = A & B;
Temp2 = C & D;
Temp3 = Temp1 | Temp2
Z = ~Temp1;
end
```

上述 always 语句内顺序过程在信号 A、B、C 或 D 发生变化时开始执行。begin…end 中的所有语句都是顺序执行的，即 Temp1 的赋值首先执行，然后依次执行第 2、第 3 和第 4 个赋值，也可写成以下形式：

```
always @(A or B or C or D)
begin
Z = ~((A&B)|(C&D));
end
```

过程性赋值分两类：阻塞性过程赋值和非阻塞性过程赋值。在讨论这两类过程赋值前，先简要地说明语句内部延时。

1. 语句内部延时

在赋值语句中表达式右端出现的延时是语句内部延时，通过语句延时表达式，右端的值在赋给左端目标前被延迟。例如：

Y = #5 1'b1；

重要的是右端表达式在语句内部延时之前计算，随后进入延时等待，等待结束后再对左端目标赋值。图 4-22 所示说明了语句间和语句内部在延时控制和事件控制上的区别。

除以上两种时序控制（延时控制和事件控制）可用于定义语句内部延时外，还有另一种重复事件控制的语句内部延时，形式如下：

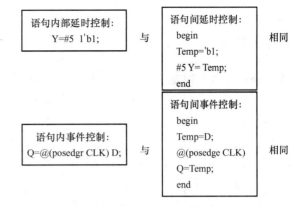

图 4-22　语句间和语句内部在延时控制和事件控制上的区别

repeat(express) @ （event_expression）

这种控制形式用于根据一定数量的 1 个或多个事件来定义延时。例如，

Y = repeat(2) @ （posedge CLK) A + B；

这一语句执行时先计算右端的值，即 A + B 的值，然后等待时钟 CLK 的两个上升沿后，再将右端值赋给 Y。这一重复事件控制实例的等价形式如下：

begin

Temp = A + B

@ （posedge CLK）；

@ （posedge CLK）；

Y = Temp；

end

2. 阻塞性过程赋值

赋值操作符是 " = " 的过程赋值是阻塞性过程赋值，例如 Y = A&B 是阻塞性过程赋值。

阻塞性过程赋值在其后所有语句执行前执行，或者说下一条语句必须等待前一条语句执行结束后才能执行。如下所示：

reg T1，T2，T3；

always　@ （A or B or Cin）

begin

T1 = A & B；

T2 = B & Cin；

T3 = A & Cin；

Cout = T1 | T2 | T3；

end

T1 赋值首先发生，计算 T1；接着执行第 2 条语句，T2 被赋值；然后执行第 3 条语句，T3 被赋值；以此类推。

下例是使用语句内部延时控制的阻塞性过程赋值语句：

initial

begin

CLK = #4 1；

```
CLK  = #4 0;
CLK  = #4 1;
CLK  = #4 0;
end
```

第1条语句在0时刻执行，CLK在4个时间单位后被赋值；接着执行第2条语句，使CLK在4个时间单位后被赋值为1（从0时刻开始为第8个时间单位）；然后执行第3条语句促使CLK在4个时间单位后被赋值为0（从0时刻开始为第12个时间单位）。图4-23所示为产生的CLK波形。

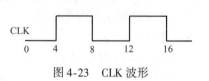

图4-23　CLK波形

3. 非阻塞性过程赋值

在非阻塞性过程赋值中，使用赋值符号" <= "。前一条非阻塞性过程赋值语句是否执行完不影响后续语句的执行。当非阻塞性过程赋值被执行时，计算右端表达式，右端值被赋予左端目标，并继续执行下一条语句。例如：

```
begin
    Y <= 1'b1;
    C <= Y;
end
```

在上面的例子中，假设顺序语句块在0时刻开始执行。第1条语句使Y在第0个时间单位结束时被赋值为1；然后执行第2条语句。在开始执行第2条语句时，Y还没有得到1的值，因为在执行第2条语句时，第1条语句并未执行完毕（没有完成赋值操作）。再比如：

```
initial
begin
    rst <= #10 0;
    rst <= #5 1;
    rst <= #15 1;
end
```

第1条语句的执行使rst在第10个时间单位被赋予值0；第2条语句的执行使rst在第5个时间单位被赋值为1；第3条语句的执行使rst在15个时间单位被赋值为1。3条语句执行的等待时间都是从0时刻开始计算的。rst上产生的波形如图4-24所示。图4-24中，初始状态未知x。总之，同一语句块内的所有非阻塞执行语句执行的等待时间，都是相对于该语句块的起始时刻。

图4-24　rst波形

4. 过程性连续赋值

过程性连续赋值是过程性赋值的一种，它只能在always语句或initial语句中出现。这种赋值语句能够替换其他所有对线网或寄存器的赋值，允许赋值中的表达式被连续驱动到寄存器或线网当中。过程性连续赋值语句有两种类型：赋值-重新赋值过程语句和强制-释放过程性赋值语句。

（1）赋值-重新赋值

一个赋值过程语句包含所有对寄存器的过程性赋值，关键词是"assign"。重新赋值过程语句中止对寄存器的连续赋值，关键词是"deassign"。寄存器中的值被保留到重新赋值前。例如：

```
module DFF(D,RST,CLK,Q);
input D,RST,CLK;
output Q;
reg Q;
always @ (RST)
begin
    if(! RST)
        // 过程性连续赋值
        assign Q = 0;
    else
        //过程性重新赋值
        deassign Q;
end
always @ (posedge CLK)
    Q = D;
endmodule
```

如果 RST 为 0，assign 赋值语句使 Q 清零，CLK 和 D 对输出 Q 不再产生影响。如果 RST 变为 1，重新赋值语句被执行，使得强制赋值方式被取消，恢复 CLK 和 D 对输出的控制。

（2）强制-释放性赋值

force 和 release 过程语句与 assign 和 deassign 相似。不同的是 force 和 release 过程语句不仅能够应用于线网，也能够应用于寄存器的赋值。

当 force 语句应用于寄存器时，寄存器的当前值被 force 语句的值覆盖；当 release 语句应用于寄存器时，寄存器中的当前值保持不变，除非过程性连续赋值已经生效（在 for 语句被执行时），在这种情况下，连续赋值为寄存器建立新值。

当用 force 过程语句对线网进行赋值时，该赋值方式为线网替换所有驱动源，直到在该线网上执行 release 语句为止。例如：

```
wire Y;
…
and #1 (Y,A,B);
always
begin
force Y = A ^ B;
//   等待 5 个时间单位
#5;
release Y;
end
```

执行 force 语句是 Y 的值覆盖来自于与门原语的值，直到 release 语句被执行，然后与门原语的 Y 驱动源重新生效。尽管 force 赋值有效（在前 5 个时间单位），A 和 B 的任何变化都促使赋值重新执行。

5. 连续赋值与过程赋值的比较

连续赋值与过程赋值的区别如表 4-11 所示。下面的例子进一步解释了这些差别。

表 4-11 连续赋值与过程赋值的区别

特 征	连 续 赋 值	过 程 赋 值
使用位置	模块内直接使用	always 语句和 initial 语句
执行特性	并行执行	与周围环境有关，可能顺序执行也可能并行执行
驱动对象	线网	寄存器
赋值符号	" = "	" = " " <= "
前导词	assign	无

```verilog
module Procedural(A,Z);
input A;
output Z;
reg B,Z;
always @(A)
begin
    B = A;
    Z = B;
end
endmodule
module   Continuous (A,Z);
input A;
output Z;
wire B,Z;
    assign B = A;
    assign Z = B;
endmodule
```

假定 A 在 10ns 时发生一个事件，在过程性赋值模块中两条过程语句 "B = A；Z = B；" 被依序执行，B 在 10ns 时得到 A 的新值，但 Z 没有得到 A 的值，因为在执行 "B = A；" 后，B 还没有得到 A 的值的情况下，"Z = B；" 已经开始执行。在连续性赋值语句中，在 A 有事件发生时，第 1 个语句 "assign B = A；" 被触发，B 得到 A 的值，如果执行后 B 的值有变化，自动触发第 2 个语句 "assign Z = B；"。执行完第 2 个语句后，Z 最终得到 A 的值。如果 B 的值在执行完第 1 个语句后没有变化，不会触发第 2 个语句的执行。

4.4.6 常用过程语句

1. if 语句

if 语句为条件判断语句，含义和用法等同于 C 语言中的 if 语句，使用语法格式如下：

```verilog
if(condittion_1)
    procedural_statement_1
    {
        else if(condition_2)
        procedural_statement_2
    }
```

```
        else
        procedural_statement_3

    }
```

如果 condition_1 为真（非零值），那么 procedural_statement_1 被执行；如果 condition_1 的值为假（0、x 或 z），那么 procedural_statement_ 1 不执行。此时如果存在一个 else 分支，那么这个分支被执行。如果被执行语句有多条，需要用 "begin…end" 将这些语句包含到一起。例如：

```
if( s == 1'b0)
    y = a;
```

上述语句只有一个 if 条件，没有对应的 else，那么在 if 条件不成立的情况下，语句将不发生任何操作。再例如：

```
if( s == 1'b0)
    y = a;
else
    y = b;
```

上述语句包含的是一个 if - else 结果，在 if 条件成立（为真）的情况下，执行 "y = a;"，否则执行 "y = b;"。因此，无论 if 条件是否成立，都会产生相应的操作，或有对应的语句被执行。再例如：

```
if( s == 2'b00)
    y = a;
else if( s == 2'b01)
        y = b;
else if( s == 2'b10)
            y = c;
        else
            begin
                y = d;
                z = 1'b0;
            end
```

Verilog HDL 将 else 与最近的没有 else 的 if 相关联。上述语句实际使用了 3 个 if - else 结构，3 个 if - else 互相嵌套。注意：最后一个条件执行语句，由于同时包含了两个赋值语句 "y = d; z = 1'b0;"，因此用到了 "begin…end"。

2. case 语句

case 语句是多条件选择语句，等同于多个 if - else 语句嵌套结构，与 C 语言中的 switch 语句相当。case 语句的语法格式如下：

```
case( case_expr)
case_item_expr{ ,case_item_expr} :procedural_statement
…
[ default:procedural_statement]
endcase
```

　　case 语句将表达式 case_ expr 的值依次与各分支项值进行比较，遇到的第一个与条件表达式值相匹配的语句被执行。可以在一个分支中定义多个分支项；这些值不需要互斥。默认分支 default 覆盖没有被分支表达式覆盖的所有其他分支。分支表达式和各分支项表达式不必都是常量表达式。在 case 语句中，x 和 z 值作为文字值进行比较。case 语句如下：

```
case(sel)
    //分支 1
    2'b00:y = a;
    //分支 2
    2'b01:y = b;
    //分支 3
    2'b10:y = c;
    //分支 4,2'b11 和 2'b1x 共用一个分支,中间用","间隔
    2'b11,
    2'b1x: y = d;
    //分支 5
    default: y = 1'b0;
endcase
```

　　如果 sel 的值为 2'b00，则选择执行分支 1；如果 sel 的值是 2'b11 或 2'b1x，则就选择分支 4。分支 5 覆盖了除前面已经明确列出的分支值之外的其他所有可能的值。

　　在 case 表达式和分支项表达式的长度不同的情况下，在进行比较前所有的 case 表达式都统一为这些表达式的最长长度。下例说明了这种情况。

```
case (2'b10)
    3'b010 : $ display ("First branch taken!");
    4'b1010 : $ display ("Second branch taken!");
    5'b10101 : $ display ("Third branch taken!");
    defaule : $ display ("Default branch taken!");
endcase
```

　　因为第 3 个分支项表达式长度为 5 位，所有的分支项表达式和条件表达式长度统一为 5 位。条件表达式左侧补 0 的结果是 5'b00010，第 1 分支左侧补 0 后的结果是 5'b00010，因此选择第 1 个分支。

　　在上面描述的 case 语句中，值 x 和 z 只从字面上解释，即作为 x 和 z 值。针对 x 和 z 值，有 case 语句的其他两种形式：casex 和 casez。这些形式对 x 和 z 值使用不同的解释。除关键字 casex 和 casez 以外，语法与 case 语句完全一致。

　　在 casez 语句中，出现在 case 表达式和任意分支项中的值 z 被认为是无关值，即 z 被忽略而不进行比较。在 casex 语句中，值 x 和 z 都被认为是无关位。casez 语句实例如下：

```
casez(Mask)
    4'b1zzz : Dbus[3] = 0;
    4'b01zz : Dbus[2] = 0;
    4'b001z : Dbus[1] = 0;
    4'b0001 : Dbus[0] = 0;
```

endcasez

casez 语句表示如果 Mask 的第 1 位是 1（忽略其他位），那么将 Dbus[3] 赋值为 0；如果 Mask 的第 1 位是 0，并且第 2 位是 1（忽略其他位），那么 Dbus[2] 被赋值为 0，并以此类推。

3. 循环语句

Verilog HDL 中有 4 类循环语句，它们分别是 forever、repeat、while 和 for。

（1）forever 循环语句

这一形式的循环语句语法如下：

```
forever
    procedural_statement
```

此循环语句连续执行所包含的过程语句。因此为跳出这样的循环，中止语句可以与过程语句共同使用。同时，在过程语句中可以使用某种形式的时序控制；否则，forever 循环将在 0 延时后永远循环下去。这种形式的循环实例如下：

```
initial
begin
    Clock = 0;
    # 1 forever
    # 5 Clock = ~ Clock;
end
```

该实例产生的时钟波形是：首先初始化为 0，并一直保持到第 1 个时间单位。此后每隔 5 个时间单位，Clock 反相一次，产生周期为 10 个时间单位的方波信号。

（2）repeat 循环语句

repeat 循环语句形式如下：

```
repeat(loop_count)
    procedural_statement
```

这种循环语句将所包含的过程语句循环执行指定的次数。如果循环计数表达式的值不确定，即为 x 或 z 时，那么循环次数按 0 处理。下面的实例实现了 10 的阶乘计算。

```
parameter Count = 10;
integer sum = 1;
integer data = 1;
repeat(Count)
begin
    data = sum * data;
    sum = sum + 1;
end
```

repeat 循环语句与重复事件控制不同。例如：

```
//repeat 循环语句
repeat(Count)
    @ (posedge Clk)Sum = Sum + 1;
```

上例表示计数的次数，等待 Clk 的正边沿，当 Clk 正边沿发生时，对 Sum 加 1。

```
//重复事件控制
Sum = repeat(Count) @ (posedge Clk) Sum + 1;
```

该例表示首先计算 Sum ＋ 1，随后等待 Clk 上正边沿计数，最后为左端赋值。

repeat(NUM_OF_TIMES) @（negedge ClockZ）；

上例表示在执行 repeat 语句之后的语句之前，等待 ClockZ 的 NUM_OF_TIMES 个负沿。

（3）while 循环语句

while 循环语句结构和用法都类似于 C 语言中的 while 语句，具体语法如下：

while(condition)
　　procedural_statement

此循环语句循环执行所包含的过程语句，直到指定的条件为假。如果表达式在开始时为假，那么过程语句便永远不会执行。如果条件表达式为 x 或 z，那么它也同样按 0（假）处理。例如：

integer Count ＝ 10；

integer sum ＝ 1；

integer data ＝1；

while（Count ＞ 0）

begin

　　data ＝ sum * data；

　　sum ＝ sum ＋ 1；

　　Count ＝ Count － 1；

end

上述实例同样实现 10 的阶乘计算。

（4）for 循环语句

for 循环语句格式和用法类似于 C 语言中的 for 语句，具体的形式如下：

for(initial_assignment；condition；step_assignment)
　　　　procedural_statement

一个 for 循环语句按照指定的次数重复执行过程赋值语句若干次。初始赋值 initial_assignment 给出循环变量的初始值，condition 条件表达式指定循环在什么情况下结束。只要条件为真，循环中的语句就执行；而 step_assignment 给出循环变量的变化方式，通常为增加或减少循环变量。下面的实例通过 for 循环实现阶乘运算。

integer Count ＝ 10；

integer sum ＝ 1；

integer data ＝1；

for（Count ＝ 0；Count ＜ 10；Count ＝ Count ＋1）

begin

　　data ＝ sum * data；

　　sum ＝ sum ＋ 1；

end

4.5　结构建模

结构建模方式是使用已经设计好的或已存在的实例，设计更为庞大和复杂系统的过程。结构建模种常用的实例包括内置门、UDP 和模块 3 种。内置门和 UDP 的使用在前面章节已有介绍，下面重点介绍基于模块的结构建模。

4.5.1　结构建模的基本单元

基于模块建模的基本单元就是已经设计好的或已存在的实例模块。模块是 Verilog HDL 中最基本的构成单元。模块的定义方式如下：

```
module    module_name（post_list）;
    declarations：
    reg，wire，parameter，
    input，output，inout，
    function，task etl.
  statements：
    Parallel execution statement
endmodule
```

module 是模块定义的关键词，Verilog HDL 中所有的关键词都必须用小写。module_name 是模块名，类似于 C 语言中的函数名，具体名称由用户自己定义，但必须符合标识符的要求。post_list 是端口列表，列出当前模块用于外部通信的所有端口的名称，所有端口名称也都由用户自己定义，并符合标识符要求。declarations 部分根据需要可以包含必要的声明，例如声明必要的参数、线网或者寄存器对象等。另外，declarations 还必须声明模块所有通信端口的方向，以及函数或任务等。statements 部分包含实现特定功能的并行执行语句，可以并行执行的语句包括内置门、连续赋值语句、UDP 以及模块等。模块定义以关键词 endmodule 结束。

模块的端口可以是输入端口（input）、输出端口（output）或双向端口（inout）。默认的端口类型为线网类型，即 wire 类型。但是，端口可被显式地指定为默认线网或其他类型，如 reg 寄存器。无论是在线网说明还是寄存器说明中，线网或寄存器必须与端口说明中指定的长度相同。下面是一些端口说明实例。

```
module mux_2(S,A,B,Y);
//端口方向说明
input [1:0] S;
input A,B;
output Y;
//重新说明端口类型：
//Y 被重新指定为 reg 类型，只能在 initial 或 always 语句中使用
reg Y;
always @（S or A or B）
    if(S==0)
        Y = A;
    else
        Y = B;
Endmodule
```

4.5.2　模块调用的结构建模方式

一个模块能够在另一个模块中被调用，是结构建模的一种重要方式。

1. 模块调用

模块实例就是已设计好的模块，被调用语句形式如下：

module_name instance_name (port_associations) ;

其中，module_name 为模块定义中指定的模块名称；instance_name 为实例模块编号；port_associations 为端口关联列表。

信号端口的关联方式包括位置关联和名称关联，可根据需要采用其中的任何一种，但不能混合使用。

在位置关联中，端口表达式按顺序与模块定义中的端口关联。在名称关联中，模块端口和端口表达式的关联被显式地指定，因此端口的关联顺序并不重要。下例使用 3 个二选一数据选择器构造四选一数据选择器，如图 4-25 所示。

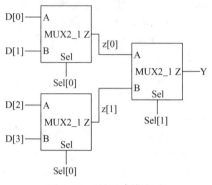

图 4-25　利用建模方式实现四选一数据选择器

```
//底层模块定义,声明模块名称、端口列表
module MUX2_1(Sel,A,B,Z);
    //端口方向声明
    input Sel,A,B;
    output Z;
    //输出端口类型声明
    reg Z;
    /* always 语句,执行条件为@(Sel or A or B),即当 Sel、A、B 中有敏感量发生变化时,always 语句自动执行 */
    always @ (Sel or A or B)
    //if 语句
        if( Sel  ==0)
            Z  =  A;
        else
            Z  =  B;
endmodule
//顶层模块定义
module MUX4_1 (Sel,D,Y);
    //端口方向声明
    input [3:0] D;
    input[1:0]Sel;
    output Y;
    //中间量 z,声明为 wire 类型,也可以省略
    wire [1:0] z;
    //底层模块调用
    MUX2_1U1(Sel[0],D[0],D[1],z[0]);
    MUX2_1U2(Sel[0],D[2],D[3],z[1]);
    MUX2_1U3(.Z(Y),.Sel(Sel[1]),.A(z[0]),.B(z[1]));
endmodule
```

其中，MUX2_1 为模块名称。U1、U2、U3 都是编号，属于可选项，可有可无。U1 和 U2 都

是位置关联，按照端口列表的位置顺序——对应，即 U1 中的 Sel[0] 对应 Sel，D[0] 对应 A，D[1] 对应 B，z[0] 对应 Z。U2 的对应关系类似。U3 为名称关联，Z 为模块定义中对应的端口名称，"( )" 内包含与该端口关联的信号名称 Y。例如 ". Sel（Sel[1]）" 表明 Sel[1] 对应 MUX2_ 1 模块中的 Sel 端口。名称关联与端口列表顺序无关，因此可以任意排列。

下例是使用不同端口表达式形式的模块实例语句。

Micro M1（UdIn[3:0],{WrN,RdN},Status[0],Status[1],&UdOut [0:7],TxData）;

这个实例语句表示端口表达式可以是标识符（TxData）、位选择（Status[0]）、部分位选择（UdIn[3:0]），合并（{WrN，RdN}）或一个表达式（&udOut[0:7]）；表达式只能够连接到输入端口。

2. 悬空端口

在实例语句中，悬空（未连接）端口可通过将端口表达式表示为空白来表示。例如：

MUX2_1U1(Sel[0],D[0],,z[0]);

上述实例位置对应方式，模块定义中的端口 B 对应的位置表示为 " "（空格），表明端口 B 在实例中悬空。模块的输入端悬空，值为高阻态 z。模块的输出端口悬空，表示该输出端口未被使用。

3. 不同端口长度的匹配

当端口和局部端口表达式的长度不同时，端口将按照无符号数的右对齐或右对齐截断方式进行匹配。

例如：

```
module datainout(datain,dataout);
    input[3:0]datain;
    output[2:0]dataout;
    …
endmodule
module topmod;
    wire[1:0] di2;
    wire[5:0] di6;
    wire[3:0] do4;
    wire[1:0] do2;
    …
    datainout u1(di2,do4);
    datainout u2(di6,do2);
endmodule
```

在 u1 实例化模块 datainout 的过程中，实际输入输出的数据宽度与模块定义宽度不同。在上述 u1 实例中，实际数据输入宽度（2 位）少于模块定义的数据宽度（4 位）；实际数据输出宽度（4 位）多于模块定义的输出数据宽度（3 位）。对于实际数据位数少于模块定义数据位数的情况，按照右对齐的方式进行匹配，如图 4-26 和图 4-27 所示。

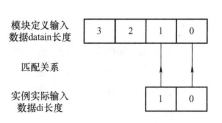

图 4-26 实例 u1 输入右对齐匹配

在 u2 实例化模块 datainout 的过程中，实际输入输出的数据宽度与模块定义宽度也不同。在上述 u2 实例中，实际数据输入宽度（6 位）多于模块定义的数据宽度（4 位）；实际数据输出宽度（2 位）少于模块定义的输出数据宽度（3 位）。对于实际数据位数多于模块定义数据位数的情况，按照右对齐截断的方式进行匹配，如图 4-28 和图 4-29 所示。

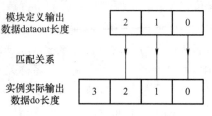

图 4-27　实例 u1 输出右对齐匹配

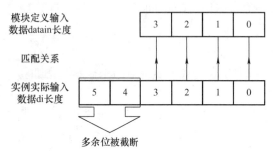

图 4-28　实例 u2 输入右对齐截断匹配

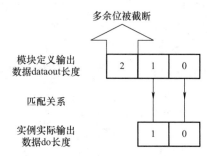

图 4-29　实例 u2 输出右对齐截断匹配

4. 模块参数值

当某个模块在另一个模块内被引用时，高层模块能够改变低层模块的参数值。模块参数值的改变可采用下述两种方式：参数定义语句（defparam）和带参数值的模块引用。

（1）参数定义语句

参数定义语句形式如下：

defparam hier path namel = valuel1 ,

hier path namel = valuel2 , … ;

较低层模块中的参数可以显式定义。实例如下：

module HA(A,B,SUM,C) ;

input A,B;

output SUM,C;

parameter andDelay = 3,xorDelay = 5;

assign # andDelay C = A & B;

assign # xorDelay SUM = A^B;

endmodule

上述为半加器，其中包含参数定义 "parameter andDelay = 3，xorDelay = 5;"。

module NEWHA(M,N,SS,CC) ;

input M,N;

output SS,CC;

defparam u1. andDelay = 1,//重新指定 u1 的参数 andDelay = 1

　　　　u1. xorDelay = 2; //重新指定 u1 的参数 xorDelay = 2

HA u1(M,N,SS,CC) ;//调用模块 HA,编号 u1

endmodule

上述实例调用模块 HA，模块编号 u1，并重新指定了 HA 的参数值。

（2）带参数值的模块引用

带参数值的模块引用是在调用模块的实例语句中包含新的参数值。

```
module NEWHA2(M,N,SS,CC);
input M,N;
output SS,CC;
    HA #(1,2)u1(M,N,SS,CC);
endmodule
```

模块实例语句中，参数值的顺序必须与较低层次被引用的模块中说明的参数顺序一致。调用模块 HA，编号 u1，包含新参数（1，2），其中 1 对应 andDelay，2 对应 xorDelay。模块实例语句中的参数值顺序与被调用模块定义中的参数说明顺序应一致。在参数的模块引用中，参数的指定方式与门级实例语句中的延时的定义方式类似。但对于相对复杂模块的引用，其实例语句不能像对门实例语句那样进行延时的指定，因此不会与之产生混淆。参数值还可以表示长度，例如：

```
module mul(in1,in2,result);
    //以下为参数定义和端口方向定义
    parameter m = 4;
    parameter n = 2;
    input[m:1] in1;
    input[n:1] in2;
    output [m+n:1] result;
    //以下为功能语句
    assign result = in1 + in2;
endmodule
```

上述带参数的功能模块可以被另一个模块引用，例如。

```
module Gmul(pipin,dbusin,resout);
    //端口定义
    input [9:1] pipin;
    input [6:1] dbusin;
    output[13:0] resout;
    //功能描述
    …
    mul #(5,4) u1(pipin,dbusin,resout);
endmodule
```

上述对模块 mul 的实例化过程中，第 1 个参数 5 对应参数 m 的值；第 2 个参数 4 对应参数 n 的值。

5. 外部端口

前述所列的所有模块定义中，端口列表表明了所有在模块外部可见的信号端口。例如：

```
module mod(A,B,C,Y);
    //端口方向定义
    input [3:0] A;
    input B;
```

```
    input [7:0] C;
    output [3:0] Y;
    //端口类型,根据情况进行定义或默认
    wire[3:0] Y;
    ...
endmodule
```

A、B、C、Y 均为模块 mod 的端口,这些端口都是外部通信端口。在对模块进行实例化过程中,这些外部端口用于同外部其他模块进行通信,从而实现模块内外数据的交互。以下为模块 mod 的实例。

mod u1(A1,B1,C1,Y1);

在上述模块 mod 中,外部通信端口名称被隐式指定。Verilog HDL 中也提供了显式方式进行外部通信端口的指定。显式端口指定方式如下:

. extern_port(internal_port)

外部端口采用显式方式指定,例如:

module mod_s(. data(A),. con(B),. mode(C),. odata(Y));
//端口方向定义

```
    input [3:0] A;
    input B;
    input [7:0] C;
    output [3:0] Y;
    //端口类型,根据情况进行定义或默认
    wire[3:0] Y;
    ...
endmodule
```

模块 mod_s 在上述实例中的外部通信接口是 data、con、mode、odata。该端口列表明显地表明了模块内部端口与模块外部端口之间的连接关系。注意,外部端口无须事先声明,但模块的内部端口必须进行声明。外部端口在模块内部不可见,但是可以在模块实例语句中使用,而内部端口由于在模块内部可见,因此必须在模块内部进行声明。外部端口使用实例如下:

mod_s u2(. data(A1),. con(B1),. mode(C1),. odata(Y1));

对于显式和隐式端口方式的使用要特别注意,两种方式不可混合使用,即在进行端口列表时,或者可以所有端口全部采用显式方式,或者全部都采用隐式方式,不可以部分采用显式,部分采用隐式的混合方式。

此外,如果模块端口的对应方式采用位置映射,那么在模块实例语句中不可使用外部端口名称。

内部端口名称可以是标识符,如位选择、部分选择及位选择、部分选择和标识符的合并,也可以是表达式。例如:

module mod_m(A[3:0],B,{C[3],C[1]},Y[3]);
//端口声明
    input [3:0] A;
    input B;

```
        input [7:0] C;
        output[3:0] Y;
        …
endmodule
```

在模块 mod_ m 的定义中，端口列表包含部分选择 A[3:0]、标识符 B、合并 {C[3]，C[1]} 和位选择 Y[3]。在内部端口是位选择、部分选择或多项合并的情况下，没有隐式的指定外部通信端口名称。在这样的模块实例语句中，模块端口的映射只能通过位置关联实现。例如：

mod_m u3(A1[3:0],B1,C1[3:2],Y1);

在上述实例语句中，端口映射采用位置关联方式实现，即 A1[3:0] 对应 A[3:0]，B1 对应 B，C1[3] 对应 C[1]，C1[2] 对应 C[1]，Y1 对应 Y[3]。

如果使用端口的名称关联映射，则必须对模块中的端口指定外部端口名称。如下面模块 mod_n 的定义所示。

```
module mod_n(. data(A[3:0]),. con(B),. mod({C[3],C[1]}),. odata(Y[3]));
        //端口声明
        input [3:0] A;
        input B;
        input[7:0] C;
        output[3:0] Y;
        //功能描述
        …
endmodule
```

在模块 mod_n 中，端口映射既可以使用位置关联，也可以使用名称关联，但两种方式不可混合使用，即不可同时使用。

模块中可以只有外部端口而没有内部端口，即模块在引用时可以使部分外部端口处于悬空状态，例如：

```
module mod_p(. data(A[3:0]),. con(),. mod({C[3],C[1]}),. odata());
        //端口声明
        input[3:0] A;
        input[7:0] C;
        …
endmodule
```

在上述模块 mod_ p 的定义中，外部端口 data 和 odata 同时处于悬空状态。

此外，Verilog HDL 允许一个内部端口与多个外部端口连接，例如：

```
module mode_q(. A(data),. Z(dataout),. Y(dataout));
        input data;
        output dataout;
        assign dataout = data;
endmodule
```

上述模块 mod_p 中，data 同时与外部端口 Z、Y 关联，因此 data 的状态同时出现在 Z 和 Y 上。

4.5.3　简单结构建模举例

下面实例是采用结构模型方式描述的十进制计数器，调用 JK 触发器构成。十进制计数器的逻辑结构图如图 4-30 所示。

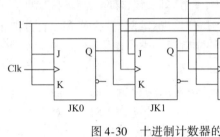

图 4-30　十进制计数器的逻辑结构图

其结构描述如下：

```
module count10 (clk,Z);
//端口方向声明
input clk;
output [3:0]Z;
//端口类型声明,根据情况可以忽略
wire s0,s1;
//功能描述
// 基本门实例语句
and A0 (s0,Z[2],Z[1]);
//4 个模块实例语句
JKFF JK0(.J(1'b1),.K(1'b1),.Ck(clk),.Q(Z[0]),.NQ()),
     JK1(.J(s1),.K(1'b1),.CK(Z[0]),.Q(Z[1]),.NQ()),
     JK2(.J(1'b1),.K(1'b1),.CK(Z[1]),.Q(Z[2]),.NQ()),
     JK3(.J(s0),.K(1'b1),.CK(Z[0]),.Q(Z[3]),.NQ(s1));
endmodule
```

在上述实例中，使用了常数（0 或者 1）作为模块的端口信号使用，此外还使用了悬空端口。

4.6　任务及函数

4.6.1　任务

一个任务就像一个过程，可以从描述的不同位置执行共同的代码段。共同的代码段编写成任务，就能够从设计描述的不同位置进行任务调用。任务可以包含时序控制，即延时控制，任务也能调用其他任务和函数。

1. 任务定义

任务定义的形式如下：

```
task    task_id;
    [declarations]
    procedural __ statement
endtask
```

任务可以有 0 个、1 个或多个参数。要传递的数值通过参数传入和传出任务，参数可以是输入参数、输出参数和输入输出双向参数。任务的定义放在模块说明部分，例如：

```
module    HasTask;
parameter    MAXNUM = 10;
```

```
task Taskmax;
    input [ MAXNUM -1:0] Din;
    output [ MAXNUM -1:0] Dout;
    integer I;
    begin
    for(I = 0;I < MAXNUM;I = I + 1)
        Dout [ MAXNUM ] = Din[I];
    end
endtask
…
endmodule
```

任务的输入和输出在任务开始处声明。这些输入和输出的顺序决定了它们在任务调用中的顺序。

2. 任务调用

任务调用语句给出传入任务的参数值和接收结果的变量值。任务调用语句是过程性语句，可以在 always 或 initial 语句中使用。形式如下：

task_id[(expr1 ,expr2 ,… ,exprN)];

在任务调用语句中，参数列表必须与任务定义中的输入、输出和输入输出参数说明的顺序一致。此外，参数要按值传递，不能按地址传递。一个任务调用能够修改被其他任务调用读取的局部变量的值。任务可以带有时序控制，或等待待定事件的发生。但是，输出参数的值直到任务退出时才传递给调用参数。例如：

```
module    TaskTime;
reg Clock;
task GenerateWaveform;
output    CLK;
begin
    CLK = 0;
    #5 CLK = 1;
    #5 CLK = 0;
    #5 CLK = 1;
end
endtask
initial
GenarateWaveform( Clock );
endmodule
```

任务 GenerateWaveform 对 CLK 的赋值不出现在 Clock 上，即没有波形出现在 Clock 上；只有对 CLK 的最终赋值 1 在任务返回后出现在 Clock 上，为避免这一情形出现，最好将 CLK 声明为全局寄存器类型，即在任务之外声明它。

4.6.2　函数

函数与任务一样，也可以在模块不同位置执行共同代码。函数与任务的不同之处是函数只能返回一个值，它不能包含任何延时或时序控制（只能立即执行），并且它不能调用其他任务。此外，函数必须带有至少一个输入，在函数中允许没有输出或输入输出说明。函数可以调用其他的函数。

1. 函数说明部分

函数说明部分可以在模块说明中的何位置出现，函数的输入是由输入说明指定，形式如下：

function ［range］function_id;

input_declaration

other_declarations

procedural_statement

endfunction

如果函数说明部分没有指定函数取值范围，其默认的函数值为 1 位二进制数。函数实例如下：

module　　Function_Example

parameter　MAXBITS = 8;

function　　［MAZBITS – 1:0］　　Rexerse_Bits;

input　　　［MAXBITS – 1:0］　　Din;

integer　　K;

begom

for（K = 0;K < MAXBITS;K = K + 1）

Reverse_Bits［MAXBITS – K］= Din（K）;

end

endfunction

…

endmodule

函数名为 Reverse_Bits，返回一个长度为 MAXBITS 的向量。函数输入 Din. K，是局部整型变量。

函数定义在函数内部隐式地声明一个寄存器变量。该寄存器变量与函数同名并且取值范围相同，函数通过在函数定义中显式地对该寄存器赋值来返回函数值。对这一寄存器的赋值必须出现在函数定义中。下面是另一个函数的实例：

function［16:0］Parity;

input　　［15:0］　　data1;

reg［15:0］　　　data2;

integer　k;

begin

　　Parity = data1 + data2;

end

endfunction

在该函数中，Parity 是函数的名称。过程性赋值语句赋值给寄存器。该寄存器包含函数返回值（与函数同名的寄存器在函数中被隐式地声明）。

2. 函数调用

函数调用是表达式的一部分。形式如下：

Func_id(expr1 , xipr2 , … , exprN)

函数调用的例子如下：

reg_〔MAXBITS – 1:0〕_Nex_Reg , Reg_X ; //寄存器说明

New_Reg = Reverse_Bits(Reg_X) ; //函数调用在右侧表达式内

与任务相似，函数定义中声明的所有局部寄存器都是静态的，即函数中的局部寄存器在函数的多个调用之间保持其值不变。

4.6.3　系统任务和系统函数

Verilgy_HDL 提供了内置的系统任务和系统函数，即在语言中预定义的任务和函数，它们分为以下几类。

1. 显式任务

显式系统任务用于信息显式和输出，这些系统任务进一步分为显式和写入任务、探测监控任务和连续监控任务。

（1）显式和写入任务

语法格式如下：

Task_name 　　（format_specificationl , argument_list1 ,

format_specification2 , argument_list2 ,

…,

format_specificationN , argument_listN ;

Task __ name 是如下编译指令的一种：

$ display __ $ displayb __ $ displayh __ $ displayo

$ write $ writeb $ writeh $ writeo

显式任务将特定信息输出到标准输出设备，并且带有行结束字符；而写入任务输出特定信息时不带有行结束符。表 4-12 中的代码序列能够用于显示或输出格式的定义。

表 4-12　特殊格式符列表

	符　　号	含　　义		符　　号	含　　义
代码序列	% h 或 % H	十六进制	代码序列	% c 或 % C	ASCII 字符
	% d 或 % D	十进制		% v 或 % V	线网信号长度
	% o 或 % O	八进制		% m 或 % M	层次名
	% b 或 % B	二进制		% s 或 % S	字符串
				% t 或 % T	当前时间格式
默认值	$ display 与 $ write_	十进制数	默认值	$ displayo 与 $ writeo	八进制数
	$ displayb 与 $ writeb	二进制数		$ displayh 与 $ writeh	十六进制数
输出特殊字符	\ n	换行	输出特殊字符	\ "	字符"
	\ t	制表符		\ OOO	八进制值 OOO 的字符
	\\	字符\		% %	字符%

（2）探测监控任务

探测监控任务有 $ strobe_$ strobeb_$ strobeh_$ strobeo，为系统任务。在指定时间显式模拟数据，但这种任务的执行是在该特定时间步结束时才显式模拟数据。

探测任务与显示任务的不同之处在于：显示任务在遇到语句时执行，而探测任务的执行要推迟到时间步结束时进行。

（3）连续监控任务

连续监控任务有 $ monitor_$ monitorb_$ monitorh_$ monitoro。这些任务连续监控指定的参数，只要参数值发生变化，整个参数表就在时间步结束时显示。例如：

```
Initial
    $ monitor_("At_%t,D=%d,Clk=%d",);
    $ time,D,Clk,"and_Q_is_%b",Q);
```

当监控任务被执行时，对信号 D、Clk 和 Q 的值进行监控。若这些值发生任何变化，则显示整个参数表的值。下面是 D、Clk 和 Q 发生某些变化时的输出样本：

```
At24,D=X,Clk=x_and_Q_is_0
At25,D=X,Clk=x_and_Q_is_1
At30,D=X,Clk=x_and_Q_is_1
At35,D=X,Clk=1_and_Q_is_1
At37,D=X,Clk=0_and_Q_is_1
At43,D=X,Clk=0_and_Q_is_1
```

监控任务的格式定义与显示任务相同。在任意时刻对于特定的变量只有一个监控任务可以被激活。可以用如下两个系统任务打开和关闭监控：

```
$ monitoroff;_//禁止所有监控任务
$ monitorn;_//使能所有监控任务
```

这些提供了控制输出值变化的机制，$ monitoroff 任务关闭了所有的监控任务，因此不再显示监控更多的信息；$ monitoron 任务用于使能所有的监控任务。

2. 文件输入/输出任务

（1）文件的打开和关闭

```
$ fopen // 打开一个文件
integer file_pointer = $ fopen(file_name);  //返回一个关于文件的整数（指针）
$ fclose(file_pointer);  // 关闭一个文件
```

（2）输出到文件

显式、写入、探测和监控系统任务都有一个用于向文件输出的相应副本，该副本可用于将信息写入文件。这些系统任务如下：

```
$ fdisplay_$ fdisplayb_$ fdiplayh_$ fdisplayo
$ fwrite $ fwriteb $ fwriteh $ fwriteo
$ fstrobe $ fstrobeb $ fstrobeh_$ fstrobeo
$ fmonitor_$ fmonitorb_$ fmonitorh_$ fmonitoro
```

所有这些任务的第 1 个参数是文件指针，其余的所有参数是带有参数表的格式定义序列。

（3）从文件中读取数据

有两个系统任务能够用于从文件中读取数据，分别是 $ readmemb 和 $ readmemh。

这些任务从文本文件中读取数据，并将数据加载到存储器。文本文件包含空白空间、注释和二进制（$ readmemb）或十六进制（$ readmemh）数字。每个数字由空白空间隔离。当执行系统任务时，每个读取的数字被指派给存储器内的一个地址，开始地址对应于存储器最左边的索引。

3. 时间标度任务

（1）系统任务 $ printtimescale

给出指定模块的时间单位和时间精度。若 $ printtimescale 任务没有指定参数，则用于输出包含调用模块在内的时间单位和精度。如果指定到模块的层次路径名为参数，则系统任务输出指定模块的时间单位和精度。示例如下：

```
$ printtimescale;
$ printtimescale(hier_path_to_module);
```

下面是这些系统被调用时输出的样本：

```
Time_scale_of_(C10)_is_100ps/100ps_
Time_scale_of_(C10. INST)_is_lus/100ps
```

（2）系统任务 $ timeformat

该系统融合任务形式如下：

```
$ timeformat(units_number,precision,Suffix,numeric_field_width);
```

其中 units_ number 为：

```
0:1s
-1:100ms
-2:10ms
-3:1_ms
-4:100_us
-5:10_us
-6:1us
-7:100ns
-8:10ns
-9:1ns
-10:100ps
-11:10ps
-12:1ps
-13:100_fs
-14:10fs
-15:1fs
```

该系统任务的调用方式如下：

```
$ timeformat( -4,3,"ps",5);
```

$ display("Current simulation time is %t", $ time);

上述显示任务 $ display 中的%t 定义时间信息，显示结果如下：

Current simulation time is 0. 051 ps

如果没有指定 $ timeformat,%t 将按照代码中所有时间标度的最小精度显示输出。

4. 模拟控制任务

（1）系统任务 $ finish

系统任务 $ finish 使模拟器退出，并返回到操作系统。

（2）系统任务 $ stop

系统任务 $ stop 使模拟被挂起。在这一阶段，交互命令可能被发送到模拟器。该命令用法举例如下：

initial #100　$ stop; //该命令表示在经过 100 个时间单位后,模拟停止

5. 定时校验任务

（1）系统任务 $ setup(data_event,reference_event,limit)

在该任务中，如果满足（reference_event － data_event）＜ limit，则报告时序冲突（timing_violation）。例如：

$ setup(D,posedge_Ck,1,0);

（2）系统任务 $ hold(reference_event,data_event,limit)

在该任务中，如果（data_event － reference_event）＜ limit，则报数据保持时间时序冲突。例如：

$ hold(posedge_Ck,D,0. 1);

（3）系统任务 $ setuphold

系统任务 $ setuphold 是 $ setup 和 $ hold 任务的结合，即

$ setuphold(reference_event,data_event,setup_limit,hold_limit);

（4）系统任务 $ width(reference_event,limit,threshold)

该系统任务用来检查信号的脉冲宽度限制，如果满足

threshold ＜ （data_eventreference_event）＜ limit

则报告信号上出现脉冲宽度不够宽的时序错误。

数据事件来源于基准事件，它是带有相反边沿的基准事件。例如：

$ width(negedge_CK,0. 0,0);

（5）系统任务 $ period(reference_event,limit)

该任务用于检查信号的周期，如果满足（data_event － teference_event）＜ limit，则报告时序错误。

（6）系统任务 $ skew(teference_event,data_event,limit)

该系统任务用于检查信号之间（尤其是成组的时钟控制信号之间）的偏斜（skew）是否满足要求，如果满足条件 data_event － reference_event ＞ limit，则报告信号之间出现时序偏斜太大的错误。如果 data_event 的时间等于 reference_event 的时间，则不报出错。

（7）系统任务 $ recovery(reference_event,data_event,limit)

该系统任务主要检查时序状态元件（触发器、锁存器、RAM 和 ROM 等）的时钟信号

与相应的置/复位信号之间的时序约束关系，如果满足条件（data_event - reference_event）<limit，则报告时序冲突。该系统任务的基准事件必须是边沿触发事件。该系统任务在执行定时校验前记录新基准事件。因此，如果数据事件和基准事件在相同的模拟时间同时发生，就报告时序冲突错误。

（8）系统任务 $ nochange(reference_event,data_event,start_edge_offset,End_edge_offset)

如果在指定的基准事件区间发生数据变化，该系统任务就报告时序冲突错误。基准事件必须是边沿触发事件。例如：

　$ nochange(negedge_Clear,Perset,0.0)；

如果在 Clear 为低时 Preset 发生变化，将报告时序冲突错误。

6. 模拟时间函数

系统函数返回模拟时间有以下形式。

$ time：返回 64 位的整型模拟时间给调用它的模块。

$ stime：返回 32 位的时间给调用它的模块。

$ realtime：向调用它的模块返回被调用模块的模拟运行时间。

7. 变换函数

下列系统函数是数字类型变换的功能函数。

$ rtoi(real_value)：通过截断小数值将实数变换为整数。

$ itor(integer_value)：将整数变换为实数。

$ realtobits(real_value)：将实数变换为 64 位的实数向量（实数的 IEEE 745 表示法）。

$ bitstoreal(bit_value)：将位模式变换为实数（与 $ realtobits 相反）。

8. 概率分布函数

概率分布函数" $ tandom_ [(seed)]"，根据种子变量（seed）的取值，按 32 位的有符号整数返回一个随机数。种子变量（必须是寄存器、整数或时间寄存器类型）控制函数的返回值，即不同的种子将产生不同的随机数。如果没有指定种子，每次 $ random 函数被调用时，根据默认种子产生随机数。能够根据在函数名中指定的概率函数，而产生伪随机数的函数包括：

　$ dist_uniform_(seed,start,end)、$ dist_normal_(seed,mean,standard_deviation,upper)

　$ dist_exponential(seed,mean)、$ dust_poisson_(seed,mean)

　$ dist_chi_square_(see,degree_of_freedom)、$ dist_t_(seed,degree_of_freedom)

　$ dist_erland_(seed,k_stage,mean)等

这些函数的所有参数都必须是整数。

4.6.4　禁止语句

禁止语句是过程性语句（因此它只能出现在 always 或 initial 语句块内）。禁止语句能够在任务或程序块没有执行完它的所有语句前终止其执行。它能够用于对硬件中断和全局复位的建模。其形式如下：

　disable task_id；

　disable block_id；

在禁止语句执行后，继续执行任务调用或被禁止的程序块的下一条语句。

思 考 题

1. 组合电路与时序电路的 UDP 有何区别？

2. UDP 可有一个或多个输出，是否正确？

3. 初始语句可用于初始化组合电路 UDP 吗？

4. 编写优先编码器电路的 UDP 描述。使用测试激励验证描述的模型。

5. 为 T 触发器编写 UDP 描述。假定触发时钟沿是时钟下跳沿，使用测试激励验证所描述的模型。

6. 以 UDP 方式为上跳边沿触发的 JK 触发器建模。使用测试激励验证描述的模型。

第 5 章　软件使用流程

可编程器件的生产厂家都有各自的开发环境和仿真方式。本章节以 ALTERA 公司的开发环境 Quartus Ⅱ 为例进行数字系统的设计和仿真验证。Quartus Ⅱ 软件老旧版本都自带仿真工具，可以直接使用。后期的新版本都取消了自带的仿真功能，需要额外安装仿真工具，并编写专门的仿真程序进行功能仿真。本书以 Quartus Ⅱ 11.0 为例对软件的使用流程作以介绍。

5.1　主界面介绍

Quartus Ⅱ 主界面如图 5-1 所示。

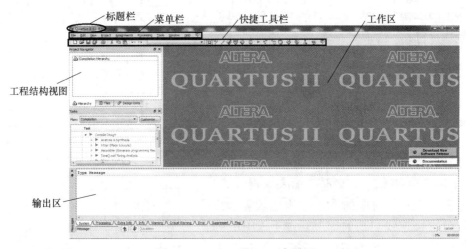

图 5-1　Quartus Ⅱ 11.0 主界面

Quartus Ⅱ 主界面包括以下几个部分。

（1）标题栏

标题栏表明软件的名称等相关内容。

（2）菜单栏

菜单栏包含了软件所有能够完成的设计和功能，包括程序文件的建立、工程的建立、逻辑综合、配置等。

（3）快捷工具栏

快捷工具栏包含了一些常用的工具，包括新建、保存、打印等，通过菜单栏可以修改快捷工具栏所包含的内容。

（4）工程结构视图

工程结构视图用来展示当前调试工程的结构和所包含内容，通过菜单可以打开或关闭工程结构视图。

（5）工作区

新建的程序文件的输入等都在工作区完成。

（6）输出区

根据需要可在界面的适当位置显示系统运行的状态，包括综合错误提示等，一般情况下输出区处在工作区的下方位置。

5.2 设计流程

进行简单数字系统设计时，可按照如图5-2所示的流程进行。

在图5-2中，可以先新建程序文件或原理图文件，并输入相应的程序代码或逻辑电路图，然后再进行建立对应工程等一系列工作。也可以将新建工程和新建程序文件（逻辑电路图）的顺序互换，即也可以先进行新工程的建立，然后在工程下再新建程序文件（逻辑电路图），其他工作依次进行。下面的实例采用先建立新的源文件，再建工程的顺序进行。

5.2.1 新建源文件

常用的开发源文件类型包括原理图方式、VHDL文件和Verilog HDL文件等，其中原理图开发方式适合系统结构不复杂的情况，也包括经过模块化设计后的顶层电路结构的实现。VHDL文件和Verilog HDL文件都属于文本型输入实现方式，通常用于所实现功能对应的电路结构比较复杂或不容易通过直接连线实现的情况。由于VHDL和Verilog HDL名称有一定相似性，在选择相应文本型语言输入格式时需要特别注意，两种语言本身并不通用。

下面以设计一个基本的二选一数据选择器为例，分别采用Verilog HDL输入方式和原理图输入方式，通过源文件的设计输入、调试、仿真和功能实现，熟悉简单数字系统设计的基本操作过程。

1. 新建语言程序文件

（1）输入语言程序文本

在图5-1所示的主界面中，单击"File"菜单，选择"New"命令，弹出如图5-3所示的选择源文件类型界面。也可以直接单击常用工具栏中的 □ 图标，打开如图5-3所示的界面。

在如图5-3所示的界面中选择"Verilog HDL File"，然后单击"OK"按钮（也可以双击

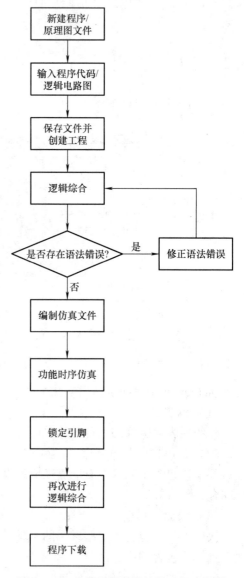

图5-2 PLD器件开发设计的一般流程图

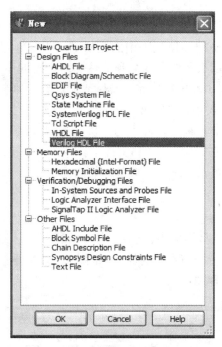

图 5-3　选择源文件类型界面

"Verilog HDL File"），弹出默认文件名为"Verilog1. v"的文件界面，在该界面中输入二选
一数据选择器的 Verilog HDL 程序代码，如图 5-4 所示。默认情况下，程序中的关键词显示
为蓝色，其他标识符显示为黑色。如果出现关键词，例如"module"没有显示蓝色的情况，
可以检查所选择的文件类型是否正确或所输入的关键词是否错误等。

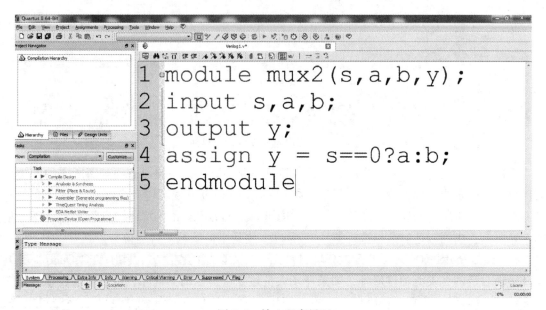

图 5-4　输入程序界面

（2）保存程序文件

将输入完整的程序文件保存在特定位置，一般情况是为每个特定项目单独设立文件夹或子文件夹。在进行程序文件保存时，需要确定所保存程序文件的文件名。Verilog HDL 要求所保存的程序文件的文件名必须和该文件中的模块名（mux2）同名。如果同一个程序文件中同时包含多个模块程序，那么程序文件名和文件中多个模块中的最主要的模块同名。Verilog HDL 程序文件的扩展名为".v"。同时也要特别注意文件名和模块名的大小写必须一致，因为对于 Verilog HDL，大小写被看作不同的字符，例如"a"和"A"被认为是两个完全不同的名字。综上所述，上述程序文件中的模块名为"mux2"，因此需要保存为程序文件名必须为"mux2.v"。如果出现程序文件和文件中程序模块的模块名称不一致的情况，在进行逻辑综合时，开发环境会提示找不到对应的模块。

2. 新建原理图文件

（1）选择需要的器件符号

在图5-3选择的源文件类型界面中，选择逻辑电路原理图格式（Block Diagram/Schematic File），弹出如图5-5所示的逻辑电路原理图输入界面，自动生成默认文件名为"Block1.bdf"的逻辑电路原理图输入文件。

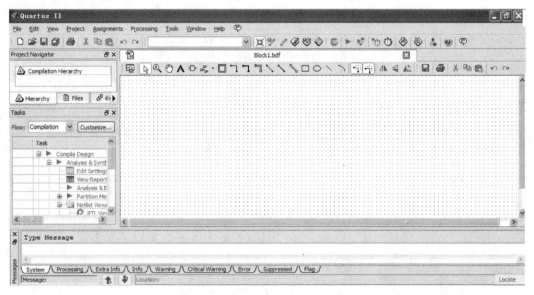

图5-5 逻辑电路原理图输入界面

在图5-5所示的页面中，在空白处输入逻辑电路原理图。逻辑电路原理图所需的各类元器件可以由开发人员提前设计，也可以直接调用 Quartus Ⅱ 开发环境自带器件库中的器件。

双击图5-5所示的逻辑电路输入区域，即可打开 Quartus Ⅱ 开发环境自带元器件库，如图5-6所示，找到二选一数据选择器"21mux"，放到空白图纸的合适位置。

在图5-6所示的 Quartus Ⅱ 开发环境自带元器件库区域的左上方，除了包含 Quartus Ⅱ 开发环境所自带的各类元器件库外，如果开发人员建立了自己的器件库，也会出现在该区域左上方位置。Quartus Ⅱ 开发环境自带元器件库中主要是各种基本的和常用的数字逻辑电路，例如各类门电路、各类数字集成电路等。另外，由于 Quartus Ⅱ 开发环境是 maxplus2 开发环境的升级产品，因此在 Quartus Ⅱ 开发环境自带元器件库中也包含了 maxplus2 开发环境原有

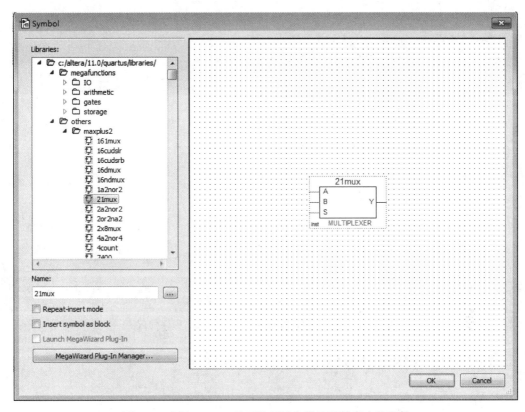

图 5-6　选择 Quartus Ⅱ 开发环境自带元器件库中的器件

的元器件库。

在元器件库中找到所需的元器件后，可以直接双击该元器件或单击图 5-6 所示界面的"OK"按钮，即可把对应的元器件放置到逻辑电路图输入区域中。

除了直接在相应的元器件库中查找对应的元器件外，如果对所用元器件在元器件库中的名称比较了解，还可以直接在图 5-6 中的"Name"区域直接输入对应的元器件型号，如图 5-7 所示的"and2"即是 2 输入与门。

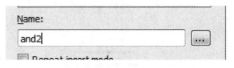

图 5-7　器件名称输入

除 Quartus Ⅱ 开发环境自带元器件库外，开发人员也可以把编写的 Verilog HDL 程序对应的功能模块生成逻辑器件符号，生成的逻辑器件符号也可以在逻辑电路原理图中被直接使用。例如，输入如图 5-8 所示的二选一数据选择器 Verilog HDL 程序代码，可以生成相应的二选一数据选择器"器件模块符号"，操作过程如下：

在图 5-8 所示的界面中，单击"File"→"Create/Update"→"Create Symbol Files for Current File"，如图 5-9 所示，弹出如图 5-10 所示的提示对话框，表明对应的程序功能模块符号生成成功。所生成的功能模块名称、符号及位置如图 5-11 所示。所生成的功能模块符号使用方法与 Quartus Ⅱ 开发环境自带元器件库的元器件使用方法相同。

单击图 5-11 中的"OK"按钮，将模块功能符号放置到原理图工作区中的合适位置。

（2）添加输入/输出引脚，构成完整电路图

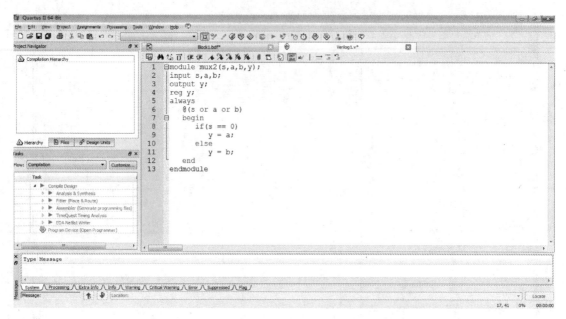

图 5-8　二选一数据选择器的 Verilog HDL 程序代码

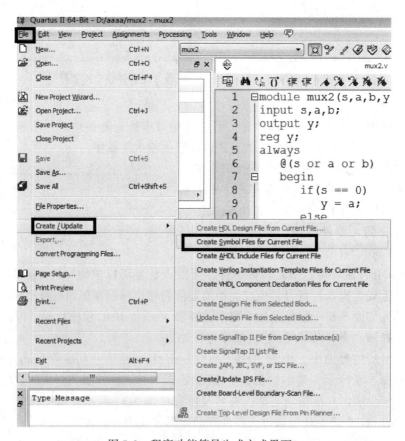

图 5-9　程序功能符号生成方式界面

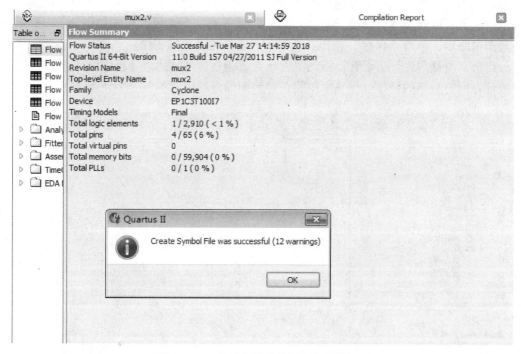

图 5-10 程序功能模块符号生成结果提示

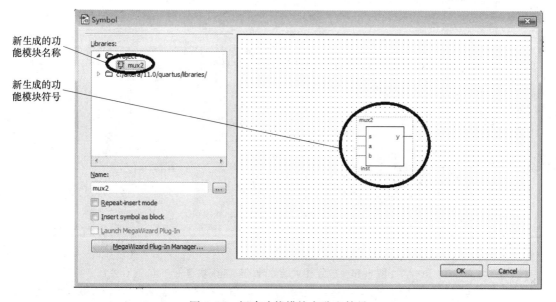

图 5-11 新建功能模块名称和符号

输入、输出接口分别为"input"和"output",也在软件自带的元器件库中,如图 5-12 所示,"bidir"为双向接口。

在图 5-13 中放置 3 个输入端口、1 个输出端口,分别将输入/输出端口名称"pin_name"修改为输入信号 s、a、b 和输出信号 y,如图 5-13 所示。

将鼠标放在需要连线的端子上,鼠标符号自动变为"+"号,此时按住鼠标左键拖曳即可有连线出现。当把鼠标拖曳的连线移动到对应相连的端子时，鼠标符号下方出现一个方形符号时表示可以连接到当前端子，松开鼠标即可完成一个连线。连线如图 5-14 所示。连接原理图电路后，单击"保存"按钮，进行下一步新建工程的工作。

一个数字电路的设计，不管是原理图设计方式还是硬件描述语言程序设计方式，当设计文件被保存后，后续的操作过程基本相同，在后面的讲解中就不再分别介绍了。

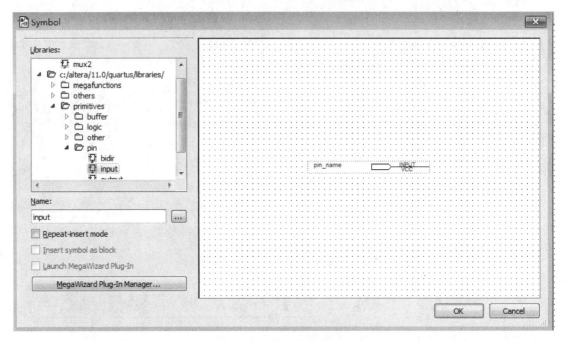

图 5-12　调用输入端口符号界面

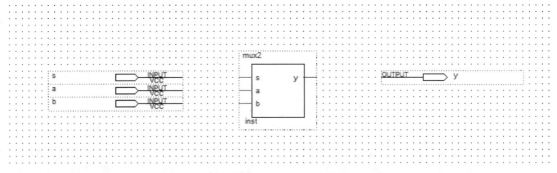

图 5-13　放置相关的原理图功能模块符号

5.2.2　新建工程

1. 新建工程

Quartus Ⅱ软件的操作对象是"工程"而不是"文件"，当前述的文件保存后，Quartus Ⅱ软件会自动提示用户是否要新建一个工程，如图 5-15 所示。如果单击"Yes"按钮，则进入到如图 5-16 所示的新建工程向导；如果单击"No"按钮，则提示界面退出，恢复到如

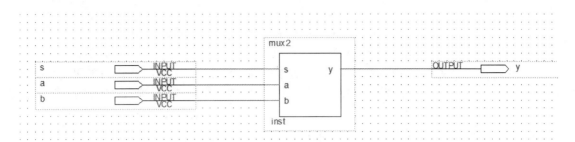

图 5-14　原理图连线图

图 5-15　新建工程提示图

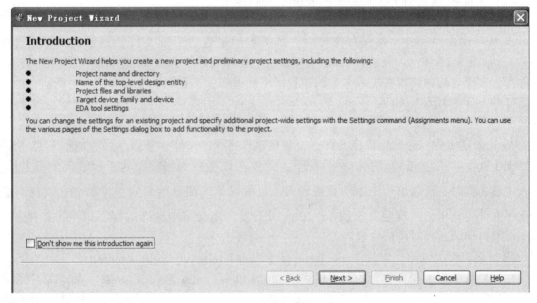

图 5-16　新建工程向导图

图 5-1 所示的 Quartus Ⅱ 主界面。

　　需要注意的是，在 Quartus Ⅱ 开发环境中，只有建立相应的工程，才能进行后续的逻辑综合、仿真、下载等一系列工作。因此，从程序输入返回到开发环境主界面后，如果要进行后续的数字系统的调试和测试，则必须通过新建工程向导再次创建对应的工程。即可以单击图 5-1 所示软件主界面中的"File"，选择"New Project Wizard"选项，弹出与图 5-16 所示的新建工程向导（New Project Wizard）相同的界面。

2. 工程名称和顶层模块名称

　　进入如图 5-16 所示的工程向导界面后，单击"Next"按钮，进入如图 5-17 所示的界面。该界面中，包含以下几项内容：

（1）工程所要存放的路径（What is the working directroy for this project?）

路径的填写或选择分以下两种情况：

① 先新建程序文件，在保存文件时，系统提示是否为当前文件创建新的工程（Do you want to create a new project with this file ?），选择"Yes"，如图 5-15 所示。在这种情况下，Quartus Ⅱ开发环境会自动将新建并保存过的程序文件路径自动设置为当前新建工程所应存放的路径，并已自动填入对应位置，无须开发工程师再进行修改。

② 先新建工程，后新建程序文件，或者在建立完程序文件，并保存后，在如图 5-15 所示的界面中选择"No"。在这种情况下，由于还不存在工程所要包含的程序文件，或已从默认的新建工程流程中退出。因此对应的位置会默认为 Quartus Ⅱ开发环境的安装路径。开发工程人员可以自行进行修改或保持默认路径不变。一般情况下，不建议将工程师开发的工程文件直接存放到软件安装路径下，而是建议单独为每一个具有特定功能的工程建立单独的存放路径。因此在这一步大都需要人工选择所建工程所应存放的路径。选择路径的方式，既可以是人工手动直接输入，也可以通过单击栏目后面的 ... 按钮，选择相应的存放路径。

（2）工程名称（What is the name of this project ?）

工程名称的输入分为以下两种情况：

① 先新建程序文件，在保存文件时，系统提示是否为当前文件创建新的工程，选择"Yes"，如图 5-15 所示。在这种情况下，Quartus Ⅱ开发环境会自动将所保存的程序文件的名称作为工程名称并放置在工程名称的位置。由此可知，工程名称需要和工程中所包含的程序文件的文件名同名，如果一个工程包含多个文件，则需要与工程中顶层文件的文件名同名。

② 先新建工程，后新建程序文件，或者在建立完程序文件，并保存后在如图 5-15 所示的界面中选择"No"按钮。在这种情况下，需要在该栏目为当前新建工程输入工程名称。输入工程名称时，可以由人工手动直接输入，也可以单击栏目后面的 ... 按钮，选择对应的程序文件后，单击"确定"按钮，Quartus Ⅱ开发环境会将被选择的程序文件的文件名作为工程名自动填入到对应的位置。

（3）顶层模块名称（What is the name of the top-level entity for this project ?）

在该栏目中为工程所包含的顶层模块（The top-level entity for this project）取名。工程名称和顶层模块名称要保持一致（This name is case sensitive and must exactly match the entity name in the design file）。如果在保存程序文件时，按照提示建立工程，那么工程向导会在该步骤自动将程序文件名作为顶层模块名填入；否则，在输入工程名的同时顶层模块名也同时出现，并自动与工程名同名。也可以单击工程名后面的 ... ，选择对应的程序文件，工程向导也会自动将被选择的程序文件名作为顶层模块名。

综上所述，有 3 个名称的选取需要引起注意，一是程序文件的文件名（在存在多个程序文件时，为顶层模块所在的文件名）；二是程序文件所在的工程名称；三是工程所包含的顶层模块的名称。上述 3 个名称务必保持一致，否则在进行逻辑综合时会引发错误提示。

3. 添加工程文件

设置好图 5-17 中相应的路径和名称后，单击下方的"Next"按钮，进入如图 5-18 所示

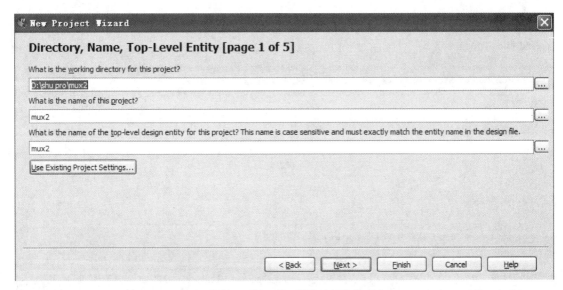

图 5-17　确定工程名称和顶层模块名称

的工程文件添加界面。在此也分为两种情况，如果先新建程序文件，在进行程序文件保存时，Quartus Ⅱ开发环境会自动弹出对话框，提醒开发工程师是否要为所保存的程序文件创建工程，如图 5-15 所示。如果在 Quartus Ⅱ开发环境提示是否为当前文件创建新的工程时，单击"Yes"按钮，则会自动进入新建工程向导流程，如图 5-16 所示，此时，新建工程向导会自动将新建并保存过的程序文件添加到工程中，并在图 5-18 的工程文件列表中显示。如果是在创建工程时，还没有创建程序文件（所应包含的程序文件尚不存在）或者在系统提示是否要为当前程序文件创建新的工程时，选择"No"，那么进行到图 5-18 的工程文件列表的界面时，界面中的文件列表中将不会有相应的程序文件。此时，需要手动单击 [...] 按钮，找到相应的工程文件，并选择"打开"后，单击 [Add] 按钮进行添加。此时，被选择的工程文件将出现在如图 5-18 所示的工程文件列表中。如果一个工程同时包含多个工程文件或程序文件，需要按照上述步骤把所有需要的文件逐一添加到工程文件列表中。如果工程目录中所包含的所有工程文件都是当前工程所需要的，也可以单击图 5-18 中的 [Add All] 按钮，可以一次性将所有相关文件全部添加到当前工程中。如果有个别已经被添加的文件不需要了，可以选定该文件，然后单击图 5-18 中的 [Remove] 按钮将其从工程中删除。将所有相关的工程文件都添加到当前工程中后，单击"Next"按钮进入下一步器件设置环节（Family & Device Settings）。

4. 器件设置

器件设置就是按照已准备好的硬件设备，在 Quartus Ⅱ开发环境中为所建工程选择实际硬件设备型号的器件。如果在进行初步的系统设计阶段，尚未确定最终的硬件设备型号，也未准备相应的实验验证设备，或者说当前只能进行仿真操作，那么可以直接跳过这一步，进入下一步操作。由于同一厂商的不同系列，或同一系列的不同型号的器件在内部结构、外部特性等各方面均存在差异，因此，如果硬件设备型号已经准备就绪或选择完毕，那么需要在

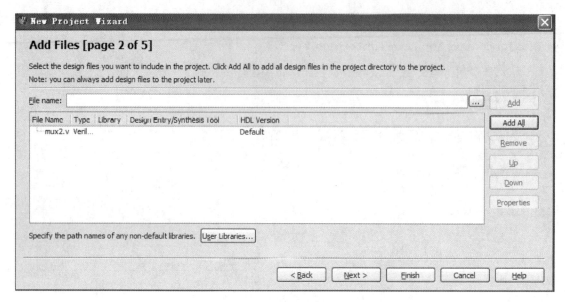

图 5-18　添加工程文件

这一步严格按照设备情况，选择相应的器件。在进行器件设置时，主要包括以下几个方面的内容。

（1）器件系列

每个器件生产厂商都有若干不同的器件系列（Device Family），不同系列能够分别适应不同的应用领域和环境。用户需要根据自身系统设计的特点和需要合理选择，在考虑具体系列结构特点、性能指标的同时，也要考虑器件的性价比。

（2）封装

封装（Package）就是器件芯片的外部形状，例如 PLCC、PQFP、TQFP、BGA 等。不同的器件型号会有不同的封装形式，同一型号的器件芯片也会有不同的封装形式，以此适应产品不同应用的需要。在这一步需要根据实际选定的器件的封装形式进行选择。

（3）引脚数量（Pin Count）

引脚是每个芯片器件被封装在外部的、可见的硬件构件，一般被用来连接芯片内部电路所需的工作电源，或是用来与外围电路进行数据传输等。此外，贴片封装的芯片引脚还用来进行焊接，即通过将所有引脚焊接在相应的电路板上实现芯片的固定。

（4）速度等级

同一型号的器件往往会有不同的速度等级（Speed Grade），即输入输出信号的延时时间不同，比如-8 代表延时 8ns，-6 代表延时 6ns，等等。延时越小代表该器件的运行速度越高，对应的价格也会越高。

（5）目标器件

目标器件（Target Device）包括两个选项：自动器件选择（Auto device selected by the fitter）和通过可用器件列表进行特定器件选择（Specific device selected in 'available devices' list）。默认情况下，自动选择的是 "Auto device selected by the fitter"。在该选项下，所建立的工程只能进行逻辑综合和仿真，不能进行下载。通过可用器件列表进行的特定器件选择

（Specific device selected in 'available devices' list）代表指定了特定系列和型号的器件，所建立的工程在进行逻辑综合时就可以根据对应器件的结构特点进行设置，从而可以保证所产生的下载文件能够下载到对应型号的器件中去。

（6）可用器件

在选定完上述器件系列、封装、引脚数量和速度等级后，在可用器件（Available Devices）列表中会列出满足上述所有选项条件的器件型号，开发人员需要从中选择一项与实际器件对应的型号。当在可用器件列表中选择完某一器件型号后，目标器件（Target Device）选项也会自动从"自动器件选择（Auto device selected by the fitter）"跳变为"通过可用器件列表进行的特定器件选择（Specific device selected in 'available devices' list）"，以便在仿真通过后下载到对应型号的可编程器件中去，如图 5-19 所示。

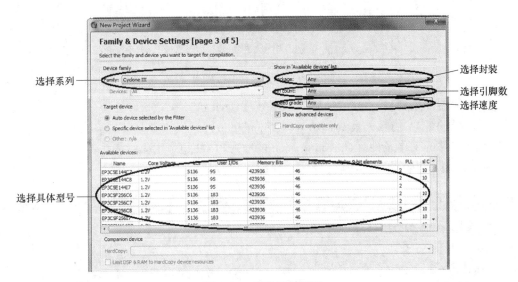

图 5-19 器件设置界面

5. 选择仿真工具

在逻辑综合成功后，根据需要可以先进行功能和时序仿真，经过功能和时序仿真后的下载文件可以大大提高设计成功的概率。Quartus Ⅱ 9.0 以前的版本都自带仿真工具，而 Quartus Ⅱ 9.0 以后的版本需要单独安装专门的仿真工具。能够用来进行仿真的工具很多，在建立工程过程中，需要在图 5-20 中的"Simulation"选项中选择已经安装好的、可供正常使用的仿真工具，本例选择"Modelsim"仿真工具。

6. 核对新建工程相关信息

新建工程最后一步是显示新建工程的相关信息，如图 5-21 所示。相关信息主要包含以下几项内容：

① 工程存放路径（Project directory）。

② 工程名称（Project name）。

③ 顶层设计名称（Top-level design entity）。

④ 工程包含的文件数量（Number of files added）。

⑤ 所包含的用户库数量（Number of user libraries added）。

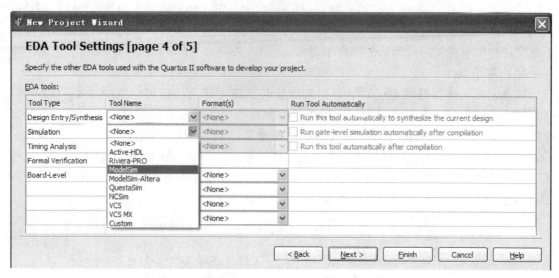

图 5-20　仿真工具选择界面

⑥ 适配的器件系列（Family name）和型号（Device）。

⑦ 所选择的 EDA 仿真工具（EDA tools-Simulation）。

⑧ 所选器件的工作条件（Operating conditions）（内核电压 Core voltage）。

上述工程相关内容核对无误后，单击"Finish"按钮完成新建工程。

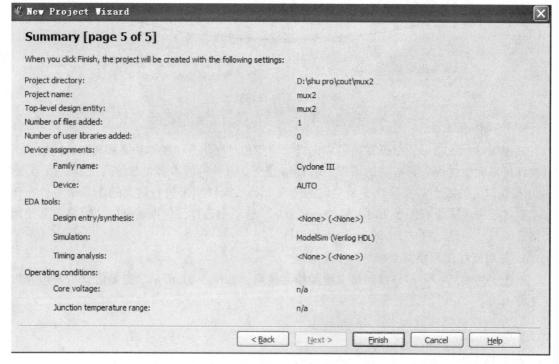

图 5-21　新建工程相关信息

5.2.3　逻辑综合

工程建立结束后，下一步进行逻辑综合，检测工程中的设计文件是否存在语法错误等问题。可以从图 5-1 所示的主界面中"Processing"菜单选择"Start Compilation"，或者从快捷工具栏选择 ▶，如图 5-22 所示。在逻辑综合过程中，开发环境右下方会有如图 5-23 所示的进度显示。

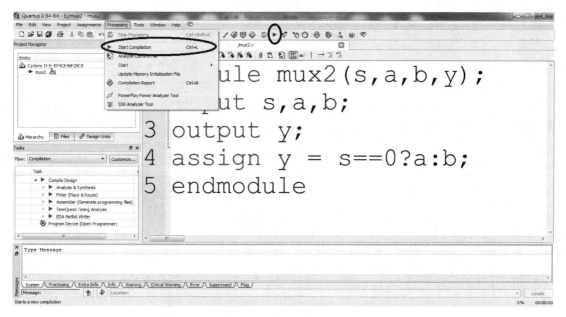

图 5-22　选择逻辑综合界面

逻辑综合结束后，会有综合信息显示，包括逻辑单元的使用情况、器件引脚的使用情况等，如图 5-24 所示，这些逻辑综合信息还包括以下内容：

① 逻辑综合状态（Flow Status）和时间。

② Quartus Ⅱ 开发环境版本）。

③ 器件系列（Family）。

④ 所需器件逻辑单元和使用率（Total logic elements）。

⑤ 寄存器总量（Total registers）。

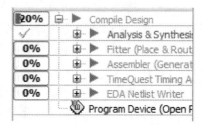

图 5-23　逻辑综合进度显示

⑥ 引脚总量（Total pins）和使用率。

⑦ 存储器位总量（Total memory bits）和使用率。

⑧ 嵌入式 9 位乘法器单元（Embedded Multiplier 9-bit elements）和使用率。

⑨ PLL 总量（Total PLLs）和使用率。

⑩ 器件型号（Device）。

如果存在语法等错误，则在"Messages"窗口会有相应的错误提示。如图 5-25 所示，红字即为显示的错误信息。

如果是语法错误，双击对应的错误提示，开发软件会自动定位到错误所在位置的附近

（一般自动定位到程序的某一行，但实际错误可能在该行的前面或者后面）。另外，通过错误提示的内容也能帮助查找错误的原因。例如，图中提示 near text "assign"；expecting ";"，表示在关键词 assign 的附近缺少一个 ";"。当逻辑综合后出现多条错误提示时，建议不要逐条查找错误原因，应从最上面的错误提示入手，每找

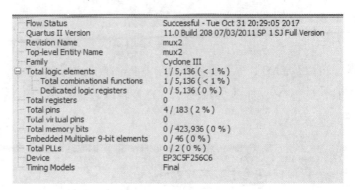

图 5-24　综合信息显示

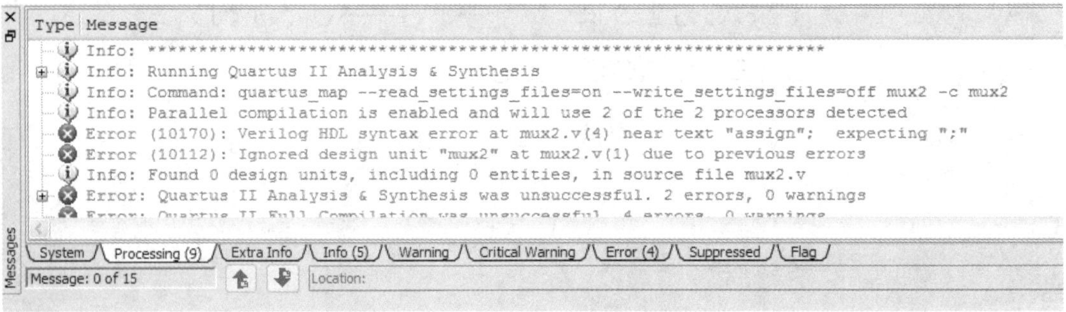

到一条错误的来源并改正后，最好进行一次逻辑综合。因为在程序文件中的一个语法错误可能会产生多条错误提示。因此从最前面的错误提示入手，可以提高修正错误的效率。

图 5-25　错误信息提示

如果出现错误提示，但是双击对应的错误后 Quartus Ⅱ 开发环境并没有定位到程序文件的某个位置，此时表明错误的出现基本与程序文件中的语法没有关系，主要是工程本身的问题，例如工程名称、程序文件名称和程序文件中的模块名称不一致等。另外，通过阅读错误提示内容也可以帮助判断错误的来源。

如果逻辑综合没有问题，下一步可以根据需要进行仿真或直接锁定引脚后下载程序。一般来讲，仿真便于查找系统可能存在的功能问题和时序问题。本书以 "Modelsim" 仿真工具为例进行讲解。

5.2.4　仿真流程

新的 Quartus Ⅱ 开发环境需要采用第三方的仿真工具进行功能和时序仿真，例如本书所采用的 Modelsim 仿真工具。功能和时序仿真的基本思想是通过计算机模拟产生若干时序波形和输入数据，并将所模拟的波形和数据送到被测功能模块的输入信号端。功能模块收到相应的时序波形和输入数据后，按照所设计的功能，模拟出与输入对应的输出波形和数据。最后通过对比输入输出波形和输入输出数据，判断所设计的功能模块在功能上和时序上是否满足要求，如果存在问题，判断问题可能的原因等。

在进行输入波形和数据模拟时，要全面综合涵盖实际应用可能出现的输入状态，尽可能

全面地验证所测模块的功能和各项性能，提高所测模块实际运行时的成功率。

仿真过程从建立仿真文件开始到最终对比仿真结果，主要包含以下几个步骤。

1. 新建仿真文件

在图 5-1 所示的主界面中，单击"Processing"下的"Start"，选择"Start Test Bench Template Writer"，如图 5-26 如示，即可建立新的仿真文件。

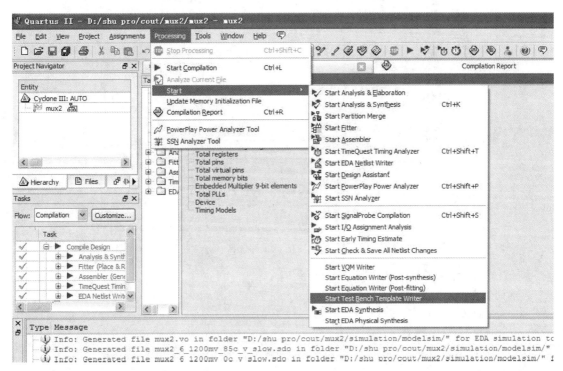

图 5-26　新建仿真文件界面

2. 编辑输入仿真波形

新建仿真文件后，在当前工程目录下，Quartus Ⅱ 开发环境会自动生成一个名为"simulation"的文件夹，在"simulation"下面还有一个文件夹"modelsim"。在该文件夹下有一个扩展名为".vt"的文件为需要修改的仿真波形文件，即在该文件中编辑产生各种仿真波形或数据。

利用 Quartus Ⅱ 软件打开该文件，如果在打开的界面中看不到该文件，则可以在"文件类型"中选择最下面的"All Files"。图 5-27 所示为选择的仿真文件类型。

选择"All Files"后，可以看到在"modelsim"下存在多个文件，选择扩展名为".vt"的文件，如图 5-28 所示的"mux2. vt"。

图 5-27　打开所选的仿真文件类型

117

图 5-28　仿真文件选择

新建仿真文件（扩展名为".vt"）如下：

```
//时间分辨率
`timescale 1 ps/ 1 ps
//仿真模块定义和模块名称
module mux2_vlg_tst( );
// constants
// general purpose registers
reg eachvec;
// test vector input registers
reg a;
reg b;
reg s;
// wires
wire y;

// assign statements ( if any)
mux2 i1 (
// port map-connection between master ports and signals/registers
    .a(a),
    .b(b),
    .s(s),
    .y(y)
);
```

```
//仿真模块初始化,所有被仿真模块的输入信号都需要通过初始化设置初始状态
//也可以利用初始化产生特定的初始波形
initial
begin
// code that executes only once
// insert code here  --> begin

//  --> end
$ display ( " Running testbench" ) ;
end
//循环语句可以用于产生各种波形和数据
//根据被测模块的情况,可能需要多个这样的波形产生语句
always
// optional sensitivity list
// @ ( event1 or event2 or…eventn )
begin
// code executes for every event on sensitivity list
// insert code here  --> begin

@ eachvec ;
//  --> end
end
        endmodule
```

在对应的".vt"文件中包含一个"initial"语句,在该语句下,初始化所有当前所设计系统的输入信号,输入信号波形初始化界面如图 5-29所示。

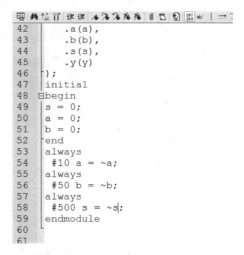

图 5-29　输入信号波形初始化界面

在图 5-29 中,被测模块共有 3 个输入信号 a、b、s,全部初始化为 0。在"always"语句中编辑系统的输入波形,如果系统输入的波形不止一个,可根据需要情况进行编辑,即如果多个输入波形具有相关性,可以在同一个"always"中编辑;如果没有相关性,可以分别在多个"always"中编辑。从图 5-29 中可以看出,采用 3 个"always"分别对 a、b、s 三路输入信号进行编辑,产生三路不同频率的方波信号。按照图 5-29 编辑所产生的输入波形,如图 5-30 所示。

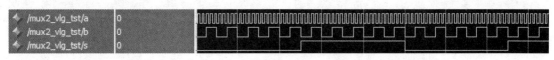

图 5-30　仿真测试输入波形图

119

3. 添加仿真文件

将编辑好的仿真文件添加到工程中，并复制仿真文件中的模块名称，后面流程中需要。图 5-31 所示为仿真文件模块名界面，本例中的仿真模块名为"mux2_vlg_tst"。

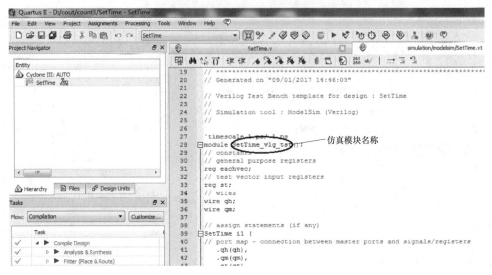

图 5-31　仿真文件模块名界面

添加仿真文件的步骤如下：

在图 5-1 所示的主界面中，依次单击选择"Assignments"→"Settings"→"Simulation"弹出如图 5-32 所示的测试仿真输入界面，单击选择"Compile test bench"单选按钮，单击"Test Benches"按钮，进入如图 5-33 所示的"New Test Bench Settings"（新测试文件建立）界面。

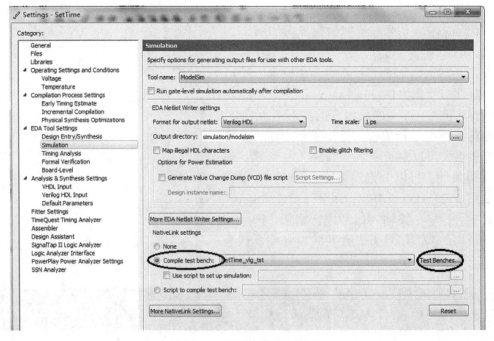

图 5-32　测试仿真输入界面

在图 5-33 所示的界面中，将仿真模块名称（本例为 mux2＿ vlg＿ tst）粘贴到"Test bench name"后面的文本框中，此时"Top level module in test bench"后面的文本框会自动输入相同的名称。然后单击"File name"后面的 ⬚ ，找到对应的仿真文件（仿真文件的扩展名为 . vt），并单击"Add"按钮进行添加。最后单击"OK"按钮返回。

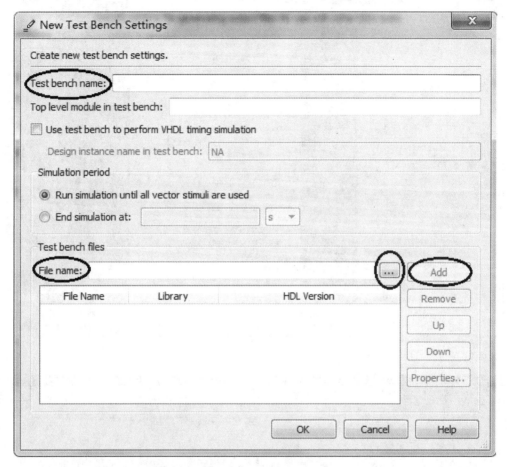

图 5-33　新测试文件建立界面

4. 观测仿真波形

运行仿真文件，观测仿真波形。在图 5-1 所示的主界面中，单击"Tools"中的"Run EDA Simulation Tool"→"EDA RTL Simulation"，进入如图 5-34 所示的仿真工具界面，进行仿真。图 5-35 为二选一数据选择器仿真波形图。Quartus Ⅱ软件会自动调用相应的仿真工具，并根据编辑的输入波形产生对应的输出波形，二选一数据选择器的仿真波形如图 5-35 所示。

5.2.5　锁定引脚与下载

1. 锁定引脚

仿真验证通过后，下一步工作就是锁定引脚，即将输入/输出信号与要下载的 PLD 芯片的具体引脚建立一一对应关系。在主界面中，按图 5-36 所示选择"Assignments"→"Pin Planner"或者选择快捷工具栏中的 ⬚ ，弹出如图 5-37 所示的锁定引脚位置图。在该界面

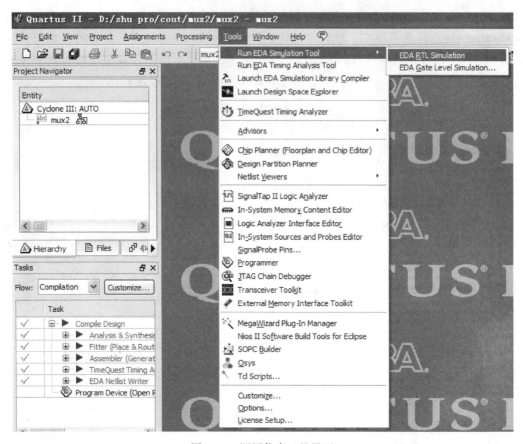

图 5-34　调用仿真工具界面

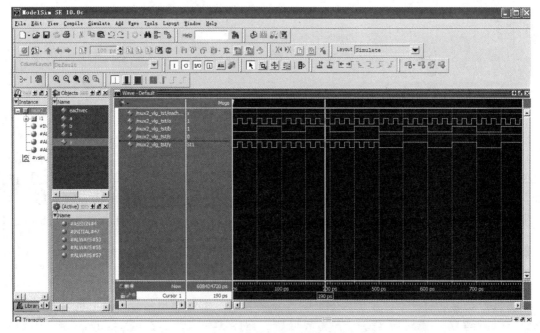

图 5-35　二选一数据选择器仿真波形图

中完成输入/输出信号与芯片引脚号的一一对应。引脚锁定完成后，务必进行工程的逻辑综合操作，否则引脚锁定不起作用。

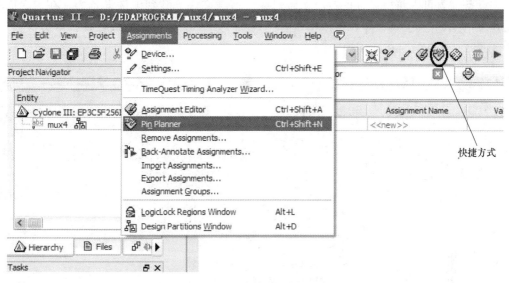

图 5-36　选择锁定引脚界面

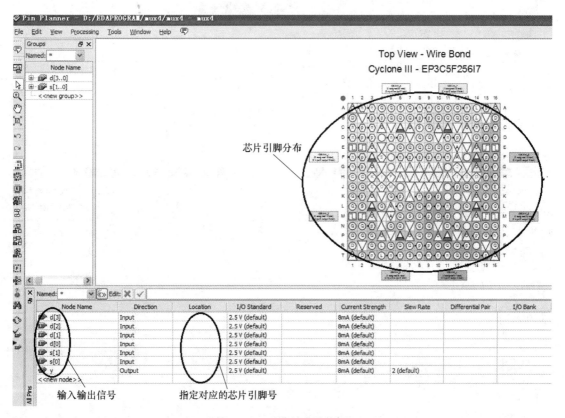

图 5-37　引脚锁定位置图

2. 下载

引脚锁定后，必须再次进行逻辑综合操作，这样引脚锁定的信息才能生效。准备好相应的硬件设备，就可以将所设计的数字系统对应的下载文件下载到硬件设备中。在主界面中，按图5-38所示下载工具选择界面依次选择"Tools"→"Programmer"或者直接单击快捷工具栏中的 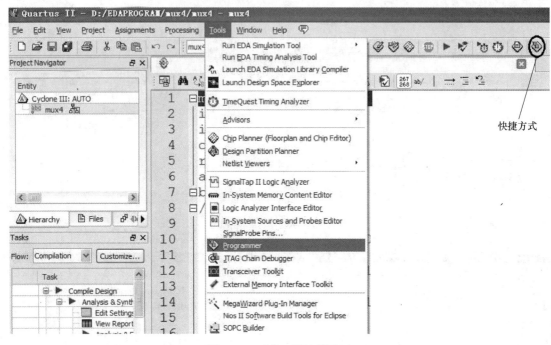，弹出如图5-39所示的下载界面。

图5-38　下载工具选择界面

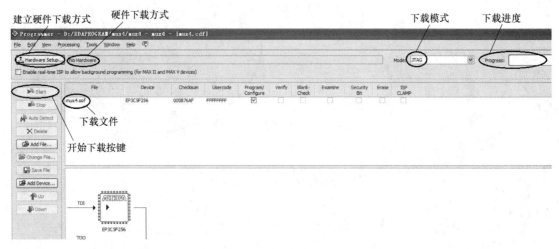

图5-39　硬件下载界面

如果图5-39中的"硬件下载方式"位置显示"No Hardware"，则检查硬件设备是否连接完好、是否供电、是否通过下载器连接到对应的计算机。如果都正常，需单击选择建立硬件下载方式"Hardware Setup"，弹出如图 5-40a 所示的界面。如果在硬件下载方式列表中，有对应连接硬件设备的下载，则双击即可。如果没有，则在可供选择的硬件下载列表中查看是否有对应的下载，如果有，选择即可。如果在可供选择的下载列表中没有对应的硬件下载方式，单击"Add Hardware"（添加）按钮进入图 5-40b 所示的界面。在图 5-40b 中的硬件方式"Hardware type"选项的下拉菜单中，选择对应的硬件下载方式，并单击"OK"按钮退出界面。选择正确的硬件下载方式后，单击开始下载"Start"按钮，开始进行下载。在下载进度条中，显示下载的进度，当下载进度显示 100% 时，表明下载完毕，观察所设计数字系统在硬件设备中的运行情况是否正常。

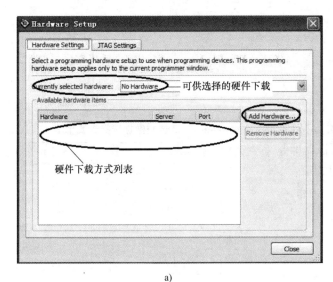
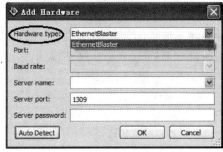

a)　　　　　　　　　　　　　　　　b)

图 5-40　硬件下载方式选择

思　考　题

1. 所有基于 Quartus Ⅱ 的现代数字系统的设计开发调试都必须建立在什么基础上进行？
2. 设计过程中，模块名、文件名和工程名有什么要求？
3. 在逻辑综合中，出现错误如何进行错误的快速定位？
4. 在进行仿真文件的编制时应注意什么问题？
5. 进行功能仿真和时序仿真的一般步骤是什么？

第6章 设 计 实 例

数字电路一般分为组合逻辑电路和时序逻辑电路。一个完整的数字系统通常由若干组合逻辑电路和时序逻辑电路组成。对于同一个功能的数字电路，在 Verilog HDL 中可以有若干不同的实现方式。本章列举了若干组合逻辑电路、时序逻辑电路及数字系统的设计实例。

6.1 组合电路语言描述

6.1.1 二选一数据选择器

二选一数据选择器真值表如表6-1所示。

实现该真值表的功能，Verilog HDL 可以有多种描述方法，前面所述的二选一数据选择器即是采用条件赋值语句“?:”来实现的，代码如下：

表6-1 二选一数据选择器真值表

输 入			输 出
s	a	b	y
0	0	0	0
0	0	1	0
0	1	0	1
0	1	1	1
1	0	0	0
1	0	1	1
1	1	0	0
1	1	1	1

```
module mux2_1(s,a,b,y);
    input s,a,b;
    output y;
    //连续赋值语句
    assign y = (s==0)? a:b;
endmodule
```

同样用条件赋值语句,还可以有如下方式：

```
module mux2_1(s,a,b,y);
    input s,a,b;
    output y;
    //声明寄存器类型
    reg y;
    //always 语句,附带执行条件@(s or a or b)
    always @(s or a or b)
        y = (s==0)? a : b;
endmodule
```

除此之外，还可以有以下多种实现方式。

（1）门电路实现方式

二选一数据选择器的逻辑电路如图6-1所示。

电路中，共使用一个非门（not），两个与门（and）和一个或门（or）。可以用内置门实现上述电路。例如：

```
module mux2_1(s,a,b,y);
    input s,a,b;
```

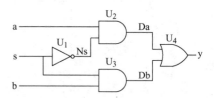

图6-1 二选一数据选择器的逻辑电路图

```
output y;
//一位中间量可以定义,也可以不定义
wire Ns,Da,Db;
//内置门语法:内置门关键词、序号、输出/输入
    //非门 U1
    not U1 (Ns,s);
    //与门 U2
    and U2 (Da,a,Ns);
    //与门 U3
    and U3 (Db,b,s);
    //或门 U4
    or   U4(Da,Db,y);
endmodule
```

（2）连续赋值语句实现方式

通过使用逻辑操作符（非运算 ~，与运算 &，或运算 | ）和连续赋值语句，也可以实现如图 6-1 所示的功能。

```
module mux2_1(s,a,b,y);
input s,a,b;
output y;
wire Ns,Da,Db;//一位中间量可以定义,也可以不定义
//连续赋值语句以关键词 assign 开始
    assign Ns = ~s;
    assign Da = a & Ns;
    assign Db = b & Ns;
    assign y = Db | Da;
endmodule
```

（3）顺序语句实现方式

利用 if 语句和 case 语句的条件判断也可以实现上述功能。

```
module mux2_1(s,a,b,y);
input s,a,b;
output y;
//一位中间量可以定义,也可以不定义,注意定义类型
reg Ns,Da,Db;
    //always 语句执行条件,当 s、a 或 b 有变化时执行后续语句
    always @ (s or a or b)
        begin
        //条件成立,执行后续语句
        if(s ==0)
            y = a;
        //条件不成立,执行后续语句
        else
            y = b;
    //下述 case 语句与 if 语句实现功能相同,根据需要选择一种即可
```

```
        /*
            //根据 s 结果,决定要执行的语句
            case (s)
                0:y = a;
                1:y = b;
            default:y = 0;
            endcase
        */
    end
endmodule
```

(4) UDP 实现方式

使用 UDP（用户原语）的组合电路方式也可以实现二选一数据选择器的功能。

```
primitive muxUDP2_1(y,s,a,b);
// UDP 名称 muxUDP2_1 须符合标识符要求,端口列表先列输出且只能有一个输出
input s,a,b;
output y;
table
    // s a b : y;按照左侧顺序罗列真值表
        0 0?: 0;
        0 1?: 1;
        1? 0 : 0;
        1? 1 : 1;
        //? 代表任意值
endtable
endprimitive
```

上述二选一数据选择器几种实现方式均可采用以下的仿真代码进行仿真。仿真程序代码如下：

```
'timescale 1 ps/ 1 ps
module mux2_vlg_tst();
// constants
// general purpose registers
reg eachvec;
// test vector input registers
reg a;
reg b;
reg s;
// wires
wire y;

// assign statements (if any)
mux2 i1 (
// port map – connection between master ports and signals/registers
```

```
    .a(a),
    .b(b),
    .s(s),
    .y(y)
);
initial
begin
  s = 0;
  a = 0;
  b = 0;
end
always
// optional sensitivity list
// @ (event1 or event2 or…eventn)
begin
  #10 a = ~a;
end
always
// optional sensitivity list
// @ (event1 or event2 or…eventn)
begin
  #20 b = ~b;
end
always
// optional sensitivity list
// @ (event1 or event2 or…eventn)
begin
  #100 s = ~s;
end
endmodule
```

在上述仿真代码中，首先将输入信号 s、a、b 全部初始化为 0。然后，分别利用 3 个
always 语句产生 3 个不同频率的信号。

仿真结果如图 6-2 所示。

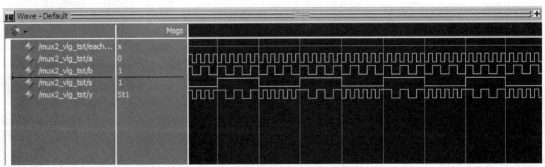

图 6-2　二选一数据选择器仿真结果

6.1.2 四选一数据选择器

四选一数据选择器（多路开关）模块图如图 6-3 所示。备选数据 D_0、D_1、D_2、D_3，输出信号 Y，选择信号有 S_1、S_0。根据选择信号的状态决定哪个备选数据被选中，被选中的信号从 Y 输出。四选一数据选择器真值表如表 6-2 所示，可按照该表所示功能进行程序设计。

表 6-2　四选一数据选择器真值表

\<选择信号\>		\<备选信号\>				输出
S_1	S_0	D_0	D_1	D_2	D_3	Y
0	0	0	?	?	?	0
0	0	1	?	?	?	1
0	1	?	0	?	?	0
0	1	?	1	?	?	1
1	0	?	?	0	?	0
1	0	?	?	1	?	1
1	1	?	?	?	0	0
1	1	?	?	?	1	1

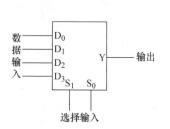

图 6-3　四选一数据选择器模块图

实现四选一数据选择器功能可以有两种主要思路，一种是利用 Verilog HDL 相关语句直接实现；另一种是如前所述，已经存在或设计好二选一数据选择器后，可以通过调用现有的二选一数据选择器实现。

（1）门电路直接实现方式

门电路结构的四选一数据选择器如图 6-4 所示。

在如图 6-4 所示的四选一数据选择器门电路结构中，涉及内置门的种类包括 4 个与门（and）、2 个非门（not）和 1 个或门（or）。

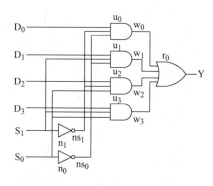

图 6-4　四选一数据选择器门电路结构

```
//模块定义,包括模块名称和端口列表
module mux_4_gate(S1,S0,D3,D2,D1,D0,Y);
//端口方向定义
input S1,S0,D3,D2,D1,D0;
output Y;
//调用内置门,输出 y 可以声明为 wire 或默认
wire Y;
//电路中间状态量定义
wire w0,w1,w2,w3,ns0,ns1;
//内置门调用,关键词 编号 输出 输入顺序
    //非门调用,先出后入,两个非门共用一个关键词,中间用","
    not n0 (ns0,S0),
```

```
        n1 (ns1,S1);
    //与门调用
    and u0 (w0,D0,ns1,ns0),
        u1 (w1,D1,S1,ns0),
        u2 (w2,D2,ns1,S0),
        u3 (w3,D3,S1,S0);
    //上述最后一个与门以";"结束
    //或门调用,只有一个或门调用,以";"结束
    or r0 (Y,w0,w1,w2,w3);
endmodule
```

上述四选一数据选择器的输入信号还可以综合为两个 S 和 D,程序实例如下:

```
//模块定义,包括模块名称和端口列表,其中输入只有 S 和 D
module mux_4_gate(S,D,Y);
//端口 S 方向定义,S 包含两位
input [1:0] S;
//端口 D 方向定义,D 包含 4 位
input [3:0] D;
//定义 Y 端口,Y 包含一位
output Y;
//调用内置门,输出 Y 可以声明为 wire 或默认;Y 默认为一位长度
wire Y;
//电路中间状态量定义,w 为 4 位,ns 为两位
wire[3:0] w;
wire [1:0] ns;
//内置门调用,关键词 编号 输出 输入顺序
/* 非门调用,先出后入,两个非门共用一个关键词,中间用",",注意 ns 和 S 等的部分调用 */
    not n0 (ns[0],S[0]),
        n1 (ns[1],S[1]);
    //与门调用
    and u0 (w[0],D[0],ns[1],ns[0]),
        u1 (w[1],D[1],S[1],ns[0]),
        u2 (w[2],D[2],ns[1],S[0]),
        u3 (w[3],D[3],S[1],S[0]);
    //上述最后一个与门以";"结束
    //或门调用,只有一个或门调用,以";"结束
    or r0 (Y,w[0],w[1],w[2],w[3]);
endmodule
```

(2) 连续赋值语句实现方式

通过使用逻辑操作符（非运算 ~，与运算 &，或运算｜）和连续赋值语句，也可以实现图 6-4 所示的功能。

```
//模块定义,包括模块名称和端口列表,其中输入只有 S 和 D
module mux_4_gate(S,D,Y);
//端口 S 方向定义,S 包含两位
input [1:0] S;
```

```
//端口 D 方向定义,D 包含 4 位
input [3:0] D;
//定义 Y 端口,Y 包含一位
output Y;
//使用连续赋值语句,输出 Y 可以声明为 wire 或默认,Y 默认为一位长度
wire Y;
//电路中间状态量定义,w 为 4 位,ns 为两位
wire [3:0] w;
wire [1:0] ns;
//使用连续赋值语句,标志为关键词 assign
    assign ns[0] = ~S[0];
    assign ns[1] = ~S[1];
    assign w[0] = D[0] & ns[1] & ns[0];
    assign w[1] = D[1] & S[1] & ns[0];
    assign w[2] = D[2] & ns[1] & S[0];
    assign w[3] = D[3] & S[1] & S[0];
    assign y = w[0] | w[1] | w[2] | w[3];
endmodule
```

（3）顺序语句实现方式

利用 if 语句和 case 语句的条件判断也可以实现上述功能,与二选一数据选择器不同的是,如果使用 if 语句,则涉及 if…else 语句的嵌套。

```
//模块定义,包括模块名称和端口列表,其中输入只有 S 和 D
    module mux_4_gate(S,D,Y);
    //端口 S 方向定义,S 包含两位
    input [1:0] S;
    //端口 D 方向定义,D 包含四位
    input [3:0] D;
    //定义 Y 端口,Y 包含一位
    output Y;
    //使用 always 语句,输出 Y 可以声明为 reg,默认一位长度
    reg Y;
    //电路中间状态量定义,类型为 reg,w 为 4 位,ns 为两位
    reg [3:0] w;
    reg [1:0] ns;
    //使用 always 语句,包含敏感列表
        always @ (S or D)
        //使用 begin…end 语句包含所有 always 内容
        begin
        //首先判断两位输入 s 是否等于两位的 00,即 S[1] 和 S[0] 是否同时为 0
         if(S == 2'b00)
             Y = d[0];
         else
             //嵌套一层 if 语句
             if(S == 2'b01)
```

```
            Y = D[1];
        else
        //再嵌套一层 if 语句
            if(S == 2'b10)
                Y = D[2];
            else
                //再嵌套一层 if 语句
                if(S == 2'b11)
                    Y = D[3];
                else
                    Y = 0;
        end
    endmodule
```

/* 上述程序代码共计嵌套 3 层 if…else 语句，最终将 3 层 if…else 语句嵌套看作一条语句，因此 always 语句中的 begin…end 可以省略 */

上述四选一数据选择器功能也可利用 case 语句实现，代码如下：

```
module mux_4_gate(S,D,Y);
input [1:0] S;
input [3:0] D;
output Y;
reg Y;
reg [3:0] w;
reg [1:0] ns;
    always @ (S or D)
    begin
    //S 作为 case 分支执行的条件
        case(S)
        //如果 S 等于 2'b00,则执行"2'b00:"后面的语句,其他以此类推
            2'b00: Y = D[0];
            2'b01: Y = D[1];
            2'b10: Y = D[2];
            2'b11: Y = D[3];
        //如果 S 出现非正常状态,执行 default 后面的语句
            default: Y = 0;
        endcase
    end
endmodule
```

（4）UDP 实现方式

使用 UDP（用户原语）的组合电路方式也可以实现四选一数据选择器的功能。

```
primitive muxUDP4_1(Y,S1,S0,D0,D1,D2,D3);
// UDP 名称 muxUDP4_1 须符合标识符要求,端口列表先列输出且只能有一个输出
input S1,S0,D0,D1,D2,D3;
output Y;
```

table

　　// S1 S0 D0 D1　D2 D3：Y；　　按照端口列表中输入信号的顺序罗列

　　　0　0　0　?　　?　?：0；

　　　0　0　1　?　　?　?：1；

　　　0　1　?　0　　?　?：0；

　　　0　1　?　1　　?　?：1；

　　　1　0　?　?　　0　?：0；

　　　1　0　?　?　　1　?：1；

　　　1　1　?　?　　?　0：0；

　　　1　1　?　?　　?　1：1；

　　//? 代表任意值

endtable

endprimitive

上述四选一数据选择器的输入输出端口全部定义为一位格式，在 UDP 中是否可以像连续语句实现方式或顺序语句实现方式那样，定义为多位（如 input［1:0］S 和 input［3:0］D）呢？

（5）调用子模块（结构建模）

四选一数据选择器可以由二选一数据选择器按照图6-5构成。

```
//模块定义,包括模块名称和端口列表
module mux_4_con(Sel,D,Y)；
//端口方向定义
input［3:0］D；
input［1:0］Sel；
outptut Y；
//调用模块,输出 Y 可以声明为 wire 或默认
wire Y；
//电路中间状态量定义
wire［1:0］z；
mux2_1（Sel［0］,D［0］,D［1］,z［0］)；
mux2_1（Sel［0］,D［2］,D［3］,z［1］)；
mux2_1（.Z(Y),.Sel(Sel［1］),.A(z［0］),.B(z［1］))；
endmodule
```

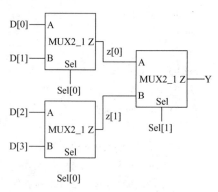

图 6-5　由二选一数据选择器构成
的四选一数据选择器

上述四选一数据选择器仿真程序代码如下：

```
'timescale 1 ps/ 1 ps
module mux4_vlg_tst( )；
// constants
// general purpose registers
reg eachvec；
// test vector input registers
reg［3:0］D；
reg［1:0］S；
// wires
wire Y；
```

```
// assign statements（if any）
mux4 i1（
// port map – connection between master ports and signals/registers
    . D（D）,
    . S（S）,
    . Y（Y）
）;
initial
begin
S = 2'b00;
D = 4'b0000;
end
always
// optional sensitivity list
// @（event1 or event2 or…eventn）
begin
#100 S = S + 1;
end
always
// optional sensitivity list
// @（event1 or event2 or…eventn）
begin
#10 D = D + 1;
end
endmodule
```

在仿真程序文件中，首先将输入信号 S 和 D 分别初始化为 0（S 是两位的 0，D 是 4 位的 0）。然后分别产生对应的 S 波形和 D 数据，注意 s 的信号周期要远大于 D 的变化周期，否则难以观察输入与输出的对应关系是否正确。仿真结果如图 6-6 所示。

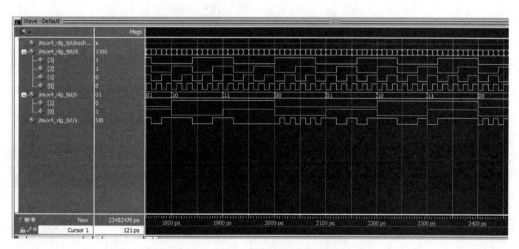

图 6-6 四选一数据选择器仿真结果

6.1.3　七段显示译码器

七段显示译码器是采用 8421BCD 码驱动数码管显示的转换控制电路，输入为 4 位的 8421BCD 码，输出为控制数码管显示的七段控制输出。由于数码管分为共阳管和共阴管，对应的七段译码显示器的输出状态不同。本例以共阴极数码管为例，对应的七段译码器输出为高有效，模块图如图 6-7 所示。七段译码器有 4 个输入 D3、D2、D1、D0，代表 4 位的 8421BCD 码输入，其中 D3 为高位，D0 为低位；有 a、b、c、d、e、f、g 七个输出，分别驱动七段数码管的 7 个控制端子。

常用七段数码显示管和显示的字符如图 6-8 所示。对于共阴极数码管，对应的字段点亮，需要输出高电平，即高有效，如表 6-3 所示。

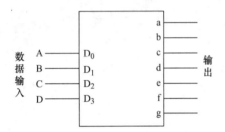

图 6-7　七段译码器模块图

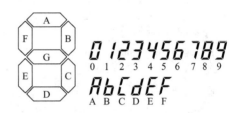

图 6-8　七段数码管及可显示的字符

表 6-3　七段译码器真值表

输　　入				输　　出							对应字符
D	C	B	A	a	b	c	d	e	f	g	
0	0	0	0	1	1	1	1	1	1	0	0
0	0	0	1	0	1	1	0	0	0	0	1
0	0	1	0	1	1	0	1	1	0	1	2
0	0	1	1	1	1	1	1	0	0	1	3
0	1	0	0	0	1	1	0	0	1	1	4
0	1	0	1	1	0	1	1	0	1	1	5
0	1	1	0	1	0	1	1	1	1	1	6
0	1	1	1	1	1	1	0	0	0	0	7
1	0	0	0	1	1	1	1	1	1	1	8
1	0	0	1	1	1	1	1	0	1	1	9
1	0	1	0	1	1	1	0	1	1	1	A
1	0	1	1	0	0	1	1	1	1	1	b
1	1	0	0	1	0	0	1	1	1	0	C
1	1	0	1	0	1	1	1	1	0	1	d
1	1	1	0	1	0	0	1	1	1	1	E
1	1	1	1	1	0	0	0	1	1	1	F

七段显示译码器程序代码如下：

```
module encode7(DATA,Y);
```

//DATA[3:0]对应输入 DCBA,其中 DATA[3]是最高位

```verilog
input[3:0] DATA;
// Y[6:0]对应七段 abcdefg
output[6:0] Y;
reg[6:0] Y;
/* always 语句以 DATA 作为敏感量,即当输入 DATA 中的任何一个信号有变化时,执行后续语句*/
always @ (DATA)
begin
    case(DATA)
    4'H0: Y = 7'B1111110;
    4'H1: Y = 7'B0110000;
    4'H2: Y = 7'B1101101;
    4'H3: Y = 7'B1111001;
    4'H4: Y = 7'B0110011;
    4'H5: Y = 7'B1011101;
    4'H6: Y = 7'B1011111;
    4'H7: Y = 7'B1110000;
    4'H8: Y = 7'B1111111;
    4'H9: Y = 7'B1111011;
    4'HA: Y = 7'B1110111;
    4'HB: Y = 7'B0011111;
    4'HC: Y = 7'B1001110;
    4'HD: Y = 7'B0111101;
    4'HF: Y = 7'B1000111;
    //当输入信号出现非正常状态时,控制数码管全部熄灭
    default: Y = 7'B0000000;
    endcase
end
endmodule
```

上述七段译码显示器仿真代码如下:

```verilog
'timescale 1 ps/ 1 ps
module encode7_vlg_tst();
// constants
// general purpose registers
reg eachvec;
// test vector input registers
reg [3:0] DATA;
// wires
wire [6:0] Y;


// assign statements (if any)
```

```
encode7 i1 (
// port map – connection between master ports and signals/registers
    . DATA( DATA) ,
    . Y( Y)
) ;
initial
begin
  DATA = 4'b0000;
end
always
// optional sensitivity list
// @ ( event1 or event2 or…eventn)
begin
 #20 DATA = DATA + 1;
end
endmodule
```

在七段译码显示器仿真代码中，先将输入信号 DATA 初始化为 4 位的 0，即 4'b0000，然后以每 40 个时间单位为周期，循环从 0 变化到 F。仿真结果如图 6-9 所示。

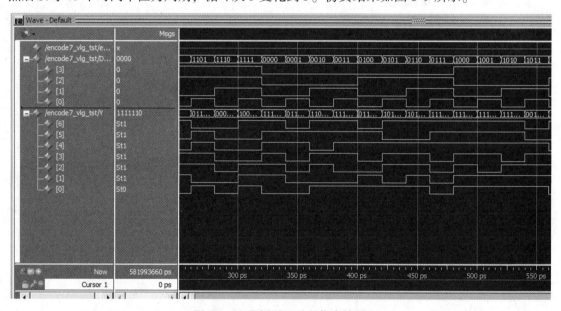

图 6-9   七段译码显示器仿真结果

6.1.4   普通译码器设计

译码器是数字系统中经常用到的一类电路，通过不同的设计可以实现不同的译码功能。下面以常用的三入八出的普通编码器为例，简要介绍这类电路的实现方式和过程。三入八出译码器俗称 138 译码器或 3 – 8 译码器，其中包括 3 个高有效的译码输入信号（一般分别用 A_2、A_1、A_0 表示，其中 A_2 为最高位）、8 个低有效的译码输出信号（一般分别用 Y_7'、Y_6'、Y_5'、Y_4'、Y_3'、Y_2'、Y_1'、Y_0' 表示）和 3 个输入控制信号（一般分别用 S_1、S_2'、S_3' 表示，其中

S_1 高有效，S_2' 和 S_3' 为低有效）。在 3 个控制信号输入同时有效的情况下，3 – 8 译码器在任一译码输入信号的驱动下，总有一个输出信号对应有效（输出低电平 0），其他所有信号同时无效（输出高电平 1）。如果有任何一个控制信号输入无效时，3 – 8 译码器的所有输出信号全部同时无效（输出高电平 1）。译码器真值表如表 6-4 所示。表中"?"代表任意，即高电平 1 或低电平 0 均可。

译码器功能可以有以下多种实现方式。

1. 顺序语句实现方式

利用 if 语句和 case 语句的条件判断，按照真值表 6-4 所示的输入输出对应关系，可以实现上述功能。

表 6-4　3 – 8 译码器真值表

输　　入						输　　出							
S_1	S_2'	S_3'	A_2	A_1	A_0	Y_7'	Y_6'	Y_5'	Y_4'	Y_3'	Y_2'	Y_1'	Y_0'
0	?	?	?	?	?	1	1	1	1	1	1	1	1
1	1	?	?	?	?	1	1	1	1	1	1	1	1
1	?	1	?	?	?	1	1	1	1	1	1	1	1
1	0	0	0	0	0	1	1	1	1	1	1	1	0
1	0	0	0	0	1	1	1	1	1	1	1	0	1
1	0	0	0	1	0	1	1	1	1	1	0	1	1
1	0	0	0	1	1	1	1	1	1	0	1	1	1
1	0	0	1	0	0	1	1	1	0	1	1	1	1
1	0	0	1	0	1	1	1	0	1	1	1	1	1
1	0	0	1	1	0	1	0	1	1	1	1	1	1
1	0	0	1	1	1	0	1	1	1	1	1	1	1

（1）利用 if 语句实现

```
module dec138(S,A,nY);

input [1:3] S;

input [2:0] A;

output [7:0] nY;

always @ (S or A)
    begin
    if(S == 3'b100)
        begin
            if(A == 3'b000)
                nY = 8'b11111110;
            else
                if(A == 3'b001)
                    nY = 8'b11111101;
                else
                    if(A == 3'b010)
                        nY = 8'b11111011;
```

```
                    else
                        if( A  ==  3'b011)
                            nY = 8'b11110111;
                        else
                            if( A  ==  3'b100)
                                nY = 8'b11101110;
                            else
                                if( A  ==  3'b101)
                                    nY = 8'b11011111;
                                else
                                    if( A  ==  3'b110)
                                        nY = 8'b10111111;
                                    else
                                        if( A  ==  3'b111)
                                            nY = 8'b01111111;
                                        else
                                            nY = 8'b11111111;
        end
        else
            nY = 8'b11111111;
        end
    endmodule
```

针对上述 3 - 8 译码器的实现过程，思考以下问题：

① 对应端口分别定义为 S、A、nY，其中 nY 被用来表示输出低有效。此处是否可以如表 6-4 所示，输出信号统一用 Y' 或分别用 Y'_7、Y'_6、Y'_5、Y'_4、Y'_3、Y'_2、Y'_1、Y'_0 表示？为什么？

② 输入的控制信号 S 定义为 "input [1:3] S;"，从符号本身没有反映出 S'_2 和 S'_3 为低有效的特性，是否影响 S'_2 和 S'_3 低有效功能的实现？

③ 在上述实现过程中，if…else 语句进行了几次嵌套？

④ 在上述实现过程中使用了两组 begin…end 语句，哪一组可以省略？为什么？

⑤ 在上述模块实现代码中，哪些语句体现了输入控制信号无效时所对应的输出状态？

⑥ 上述代码中是如何体现所有输出均为低有效的信号特性的？该特性的体现是否与端口定义中所使用的符号有关？

（2）利用 case 语句实现

```
module dec138(S,A,nY);

input [1:3] S;

input [2:0] A;

output [7:0] nY;

reg [7:0] nY;


always
```

```
@ ( S or A )
begin
if( S  ==  3'b100 )
    begin
    case( A )
    3'b000 : nY = 8'b11111110 ;
    3'b001 : nY = 8'b11111101 ;
    3'b010 : nY = 8'b11111011 ;
    3'b011 : nY = 8'b11110111 ;
    3'b100 : nY = 8'b11101110 ;
    3'b101 : nY = 8'b11011111 ;
    3'b110 : nY = 8'b10111111 ;
    3'b111 : nY = 8'b01111111 ;
    default: nY = 8'b11111111 ;
    endcase
    end
    else
        nY = 8'b11111111 ;
    end
endmodule
```

在上述利用 case 语句实现 3 - 8 译码器功能时，一个多路选择的 case 语句代替了多层嵌套的 if…else 语句，所实现功能一致。在 Verilg HDL 中的 case 多路选择语句与 C 语言中的 switch（case）语句功能一样，具体表现方式略有不同，注意不要混淆。此外，在上述语句中保留了用于判断输入控制信号是否有效的 if 语句，实际该 if…else 语句依然可以用 case 多路选择语句代替。例如：

```
always @ ( S or A )
    begin
    case( S )
    3'b100 :
        begin
        case( A )
        3'b000 : nY = 8'b11111110 ;
        3'b001 : nY = 8'b11111101 ;
        3'b010 : nY = 8'b11111011 ;
        3'b011 : nY = 8'b11110111 ;
        3'b100 : nY = 8'b11101110 ;
        3'b101 : nY = 8'b11011111 ;
        3'b110 : nY = 8'b10111111 ;
        3'b111 : nY = 8'b01111111 ;
        default: nY = 8'b11111111 ;
```

```
        endcase
      end
  default : nY = 8'b11111111;
  endcase
end
```

在上述利用 case 多路选择语句代替输入控制信号的实现方式中，用到的两组 begin…end 语句是否可以省略，或者哪一组可以省略，哪一组不可省略？为什么？

2. 门电路实现方式

利用门电路实现的 3 - 8 译码器功能的逻辑电路如图 6-10 所示。电路中，共使用 7 个非门（not）、9 个与非门（nand）。用内置门实现上述电路，代码如下：

```
module dec138_gate(S1,nS2,nS3,A0,A1,A2,nY0,nY1,nY2,nY3,nY4,nY5,nY6,nY7);
input S1,nS2,nS3,A0,A1,A2;
output nY0,nY1,nY2,nY3,nY4,nY5,nY6,nY7;
    not U1 (S2,nS2);
    not U2 (S3,NS3);
    not U3 (nA0,A0);
    not U4 (nA1,A1);
    not U5 (nA2,A2);
    not U6 (A00,nA0);
    not U7 (A10,nA1);
    not U8 (A20,nA2);
    nand U9 (nY0,S,nA2,nA1,nA0);
    nand U10 (nY1,S,nA2,nA1,A00);
    nand U11 (nY2,S,nA2,A10,nA0);
    nand U12 (nY3,S,nA2,A10,A00);
    nand U13 (nY4,S,nA0,nA1,A20);
    nand U14 (nY5,S,A20,nA1,A00);
    nand U15 (nY6,S,A10,nA0,A20);
    nand U16 (nY7,S,A20,A10,A00);
    nand U17 (S,S1,S2,S3);
endmodule
```

观察上述译码器功能实现过程，思考以下问题：

① 上述实现过程中，所涉及的中间量，如 nA_0、nA_1、nA_2 等，如果进行类型声明，可声明为哪些类型？不可声明为哪些类型？应如何进行声明？

② 上述代码中，被调用的门电路均有编号，对于编号的编制有没有要求？有何要求？

③ 在所有被调用的门电路中，所用电路的编号，如 U_1、U_2 等是否可以省略？

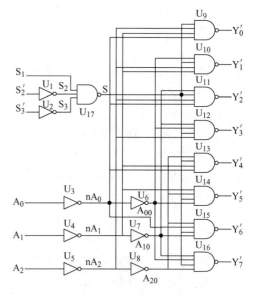

图 6-10　译码器逻辑电路图

④ 如果将多个同样类型的门电路共用一个关键词，应如何进行表述？

⑤ 各内置门属于串行执行还是并行执行？每个门电路分别在什么情况下才会被执行？

⑥ 在调用内置门时，对端口列表的顺序有什么特定要求？输入信号的顺序有没有要求？

3. 连续赋值语句实现方式

通过使用逻辑操作符（非运算 ~，与运算 &）和连续赋值语句，也可以实现图 6-10 所示的功能，代码如下：

```
module dec138_gate(S1,nS2,nS3,A0,A1,A2,nY0,nY1,nY2,nY3,nY4,nY5,nY6,nY7);
input S1,nS2,nS3,A0,A1,A2;
output nY0,nY1,nY2,nY3,nY4,nY5,nY6,nY7;
    assign S2  =  ~ nS2;
    assign S3  =  ~ nS3;
    assign nA0  =  ~  A0;
    assign nA1  =  ~  A1;
    assign nA2  =  ~  A2;
    assign A00  =  ~ nA0;
    assign A10  =  ~ nA1;
    assign A20 =  ~ nA2;
    assign nY0 =  ~( S & nA2 & nA1 & nA0);
    assign nY1 =  ~( S & nA2 & nA1 & A00);
    assign nY2 =  ~( S & nA2 & A10 & nA0);
    assign nY3 =  ~( S & nA2 & A10& A00);
    assign nY4 =  ~( S & nA0& nA1& A20);
    assign nY5 =  ~( S & A00& nA1& A20);
    assign nY6 =  ~( S & A10& nA0& A20);
    assign nY7 =  ~( S & A10& A00& A20);
    assign S = S1&S2&S3;
endmodule
```

观察上述连续赋值语句实现译码器功能过程，思考以下问题：

① 在实现上述译码器功能时，是否可以将内置门调用和连续赋值语句混合使用？

② 连续赋值语句在什么条件下会被执行？

③ 在使用逻辑操作符时应注意哪些问题？

3-8 译码器仿真文件如下：

```
'timescale 1 ps/ 1 ps
module dec138_gate_vlg_tst( );
// constants
// general purpose registers
reg eachvec;
// test vector input registers
reg [2:0] A;
reg [1:3] S;
// wires
```

```
wire [7:0] nY;

// assign statements (if any)
dec138_gate i1 (
// port map - connection between master ports and signals/registers
    .A(A),
    .S(S),
    .nY(nY)
);
initial
begin
S = 3'b100;
A = 3'B111;
#10S - 3'b110;
#10S = 3'b100;
end
always
// optional sensitivity list
// @ (event1 or event2 or…eventn)
begin
 #100 A = A + 1;
end
endmodule
```

在译码器初始化中，首先将输入控制信号 s 置为 3'b100，即全部有效，然后经过 10 个时间单位后置为 3'b110，即存在无效信号，以此检验输入信号 s 是否有效。

仿真结果如图 6-11 所示。

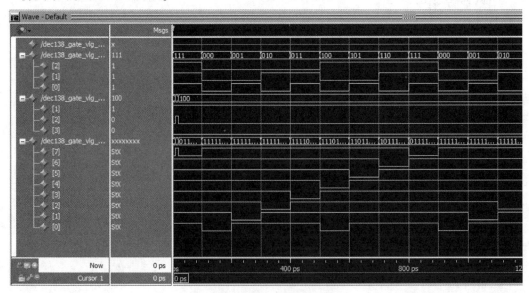

图 6-11　3 - 8 译码器仿真结果

6.2 时序电路语言描述

6.2.1 脉冲触发的 D 触发器

时序逻辑电路也是数字系统中不可或缺的。同一功能的时序逻辑电路，在 Verilog HDL 中的实现方式也有很多种。例如，常用的脉冲触发的 D 触发器，逻辑电路如图 6-12 所示。下面列举几种常见的描述方式。

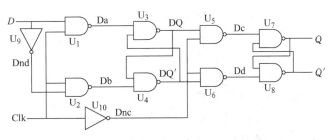

图 6-12 脉冲触发的 D 触发器逻辑图

1. 门电路实现方式

与组合电路类似，可以通过 Verilog HDL 自带的内置门对门电路构成的时序电路进行描述。

```
module D_FF(D,Clk,Q,nQ);
input D,Clk;
output Q,nQ;
    /* 同一类型的内置门调用,可以共用一个关键词,除最后一个调用外,其他均以","结尾  */
    nand U1 (Da,D,Clk),
         U2 (Db,Dnd,Clk),
         U3 (DQ,Da,nDQ),
         U4 (nDQ,DQ,Db),
         U5 (Dc,DQ,Dnc),
         U6 (Dd,nDQ,Dnc),
         U7 (Q,Dc,nQ),
         U8(nQ,Dd,Q);
    not U9 (Dnd,D),
        U10(Dnc,Clk);
endmodule
```

观察以上实现 D 触发器功能过程，思考以下问题：

① 能否用"DQ'"作临时变量？

② 最后一个调用能否以";"结束？

③ 上述所实现的功能为触发器功能，属于时序电路范畴，为何没有对输出 Q 和 nQ 进行类型声明？如果进行声明，可声明为哪些类型？能否声明为 reg 类型？

2. 连续赋值语句实现方式

通过使用逻辑操作符（非运算 ~，与运算 &）和连续赋值语句可以实现图 6-12 所示功能。

```
module D_FF(D,Clk,Q,nQ);
input D,Clk;
output Q,nQ;
```

```
    assign Da  =  ~ ( D & Clk );
    assign Db  =  ~ ( Dnd & Clk );
    assign DQ  =  ~ ( Da & nDQ );
    assign nDQ  =  ~ ( DQ & Db );
    assign Dc  =  ~ ( DQ & Dnc );
    assign Dd  =  ~ ( nDQ & Dnc );
    assign Q  =  ~ ( Dc & nQ );
    assign nQ  =  ~ ( Dd & Q );
    assign Dnd  =  ~ D;
    assign Dnc  =  ~ Clk;
endmodule
```

3. 顺序语句实现方式

利用 always 语句实现上述功能。

```
module D_FF( D,Clk,Q,nQ );
input D,Clk;
output Q,nQ;
reg Q,nQ;
always
    @ ( posedge Clk )
begin
    Q  =  D;
    nQ  =  ~ D;
end
endmodule
```

观察上述程序设计, 思考如下问题:

① 上述实现过程所描述的触发器的触发方式是什么?

② 除了上述所用触发器触发方式外, 还有哪些触发方式可用?

③ 为什么上述实现过程将输出信号 Q 和 nQ 都声明为 reg 类型? 除声明为 reg 类型外, 还可以声明为哪些类型?

④ 上述程序当中, 用到了一组 begin…end 语句, 是否可以省略?

4. UDP 实现方式

使用 UDP (用户原语) 的时序电路的方式也可以实现 D 触发器的功能。

```
primitive DFF_UDP( Q,CLK,D );
input CLK,D;
output Q;
reg Q;
table
    //CLK D : Q : Q* ;按照左侧顺序列表
    ( 01 ) 1 : ? : 1;
    ( 01 ) 0 : ? : 0;
     ?   ? : ? : - ;
```

(10) ? : ? : - ;

endtable

endprimitive

上述 D 触发器的 UDP 实现过程中，要注意以下内容：

① 时序电路的输出需要声明为 reg。

② 列表的信号顺序与端口列表顺序一致。

③ （01）有何含义？

④ 符号 " - " 有何含义？除此以外还有哪些符号可用？

利用 UDP 实现的功能，可供模块 module 调用，调用过程如下：

module D_FF(D,Clk,Q,nQ);

input D,Clk;

output Q,nQ;

　　DFF_UDP (Q,Clk,D);

　　assign nQ = ~Q;

endmodule

思考：上述调用 UDP 的过程和方法与调用 module 的方法有无区别？

D 触发器仿真文件如下：

'timescale 1 ps/ 1 ps

module D_FF_vlg_tst();

// constants

// general purpose registers

reg eachvec;

// test vector input registers

reg Clk;

reg D;

// wires

wire Q;

wire nQ;

// assign statements（if any）

D_FF i1 (

// port map - connection between master ports and signals/registers

　　.Clk(Clk),

　　.D(D),

　　.Q(Q),

　　.nQ(nQ)

);

initial

begin

D = 0;

Clk = 0;

end

```
always
// optional sensitivity list
// @ ( event1 or event2 or…eventn)
begin
#100 D = D + 1;
end
always
// optional sensitivity list
// @ ( event1 or event2 or…eventn)
begin
#10 Clk = ~ Clk;
end
endmodule
```

D 触发器仿真结果如图 6-13 所示。

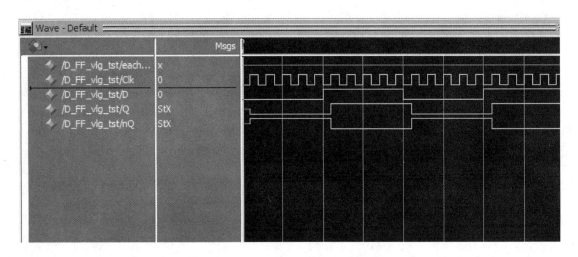

图 6-13　D 触发器仿真结果

6.2.2　十进制计数器

十进制计数器模块图如图 6-14 所示。图中 EN 为使能信号，其状态决定计数器是否工作。clk 为计数脉冲。Q_3、Q_2、Q_1、Q_0 是 4 位计数输出。z 是进位输出。nRD 是清零输入，低有效，即当该信号为有效时 Q_3、Q_2、Q_1、Q_0 全部清零。nLD 是置数输入，低有效，当该信号有效时，把输入 D_3、D_2、D_1、D_0 的状态对应赋值给 Q_3、Q_2、Q_1、Q_0。十进制计数器转换真值表如表 6-5 所示。

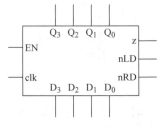

图 6-14　十进制计数器模块图

表 6-5　十进制计数器转换真值表

输　　入								输　　出				
nRD	nLD	EN	clk	D_3	D_2	D_1	D_0	Q_3	Q_2	Q_1	Q_0	z
0	?	?	↑	?	?	?	?	0	0	0	0	0
1	0	?	↑	?	?	?	?	D_3	D_2	D_1	D_0	0
1	1	0	?	?	?	?	?	Q_3	Q_2	Q_1	Q_0	z
1	1	1	↓	?	?	?	?	Q_3	Q_2	Q_1	Q_0	z
1	1	1	0/1	?	?	?	?	Q_3	Q_2	Q_1	Q_0	z
1	1	1	↑	?	?	?	?	0	0	0	0	0
1	1	1	↑	?	?	?	?	0	0	0	1	0
1	1	1	↑	?	?	?	?	0	0	1	0	0
1	1	1	↑	?	?	?	?	0	0	1	1	0
1	1	1	↑	?	?	?	?	0	1	0	0	0
1	1	1	↑	?	?	?	?	0	1	0	1	0
1	1	1	↑	?	?	?	?	0	1	1	0	0
1	1	1	↑	?	?	?	?	0	1	1	1	0
1	1	1	↑	?	?	?	?	1	0	0	0	0
1	1	1	↑	?	?	?	?	1	0	0	1	1
1	1	1	↑	?	?	?	?	0	0	0	0	0

十进制计数器程序代码如下：

```
module count10(EN,clk,nRD,nLD,D,Q,z);
input EN,clk,nRD,nLD;
input[3:0] D;
output[3:0] Q;
output z;
reg[3:0] Q;
reg z;
always
    @(posedge clk)
begin
    if(EN == 1)
        if(nRD == 0)
            begin
                Q = 4'H00;
                z = 0;
            end
        else
            if(nLD == 0)
```

```
            begin
                Q = D;
                if( D == 9)
                    z = 1;
                else
                    z = 0;
            end
        else
            begin
                if( Q ==8)
                    z = 1;
                else
                    z = 0;
                if( Q <9)
                    Q = Q +1;
                else
                    Q = 4'H0;
            end
    end
endmodule
```

观察上述十进制计数器实现过程，思考以下问题：

① 上述代码所描述的十进制计数器，EN、nRD 和 nLD 属于异步信号还是同步信号？为什么？

② 计数器输出信号 Q 和 z 为何要声明为 reg 类型？不做声明是否可以？如何实现默认类型为 reg 的功能？

③ 上述代码实现的十进制计数器的触发方式是什么？

④ 试画出上述十进制计数器计数过程所对应的状态转换图。

⑤ 除用 if 语句外，还可以使用哪些语句实现上述功能？

⑥ 在保持模块端口不变的情况下，能否将上述十进制计数器功能修改为十六进制计数器功能？如何修改？

十进制计数器仿真文件（在仿真文件中要充分考虑到各个控制信号功能验证）如下：

```
'timescale 1 ps/ 1 ps
module count10_vlg_tst( );
// constants
// general purpose registers
reg eachvec;
// test vector input registers
reg [3:0] D;
reg EN;
reg clk;
reg nLD;
reg nRD;
```

```
// wires
wire [3:0]  Q;
wire z;

// assign statements (if any)
count10 i1 (
// port map - connection between master ports and signals/registers
. D(D),
. EN(EN),
. Q(Q),
. clk(clk),
. nLD(nLD),
. nRD(nRD),
. z(z)
);
initial
begin
clk = 0;
D = 4'B0000;
EN = 1;
nLD = 1;
nRD = 1;
#10 EN = 0;
#10 EN = 1;
    nLD = 0;
#10 nLD = 1;
    nRD = 0;
#10 nRD = 1;
end
always
// optional sensitivity list
// @ (event1 or event2 or…eventn)
begin
#20 clk = ~clk;
end
always
// optional sensitivity list
// @ (event1 or event2 or…eventn)
begin
#400 D = D + 1;
end
endmodule
```

仿真结果如图 6-15 所示。

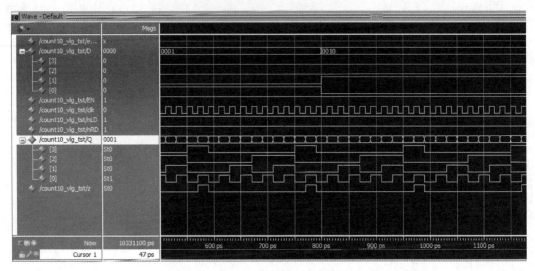

图 6-15　计数器仿真波形图

6.2.3　彩灯控制器

彩灯控制器能够控制若干彩色指示灯按照一定规律产生亮灭变化。本例中控制 8 个彩灯 $Q_0 \sim Q_7$，按照 $Q_0 \sim Q_7$ 依次点亮，然后再依次熄灭，往复不停。彩灯亮灭的速度由外接时钟信号决定。模块框图如图 6-16 所示。该控制器运行对应的状态转换真值表如表 6-6 所示。

表 6-6　彩灯控制器状态转换真值表

输入	输出							
clk	Q_0	Q_1	Q_2	Q_3	Q_4	Q_5	Q_6	Q_7
↑	0	0	0	0	0	0	0	0
↑	1	0	0	0	0	0	0	0
↑	1	1	0	0	0	0	0	0
↑	1	1	1	0	0	0	0	0
↑	1	1	1	1	0	0	0	0
↑	1	1	1	1	1	0	0	0
↑	1	1	1	1	1	1	0	0
↑	1	1	1	1	1	1	1	0
↑	1	1	1	1	1	1	1	1
↑	0	1	1	1	1	1	1	1
↑	0	0	1	1	1	1	1	1
↑	0	0	0	1	1	1	1	1
↑	0	0	0	0	1	1	1	1
↑	0	0	0	0	0	1	1	1
↑	0	0	0	0	0	0	1	1
↑	0	0	0	0	0	0	0	1
↑	0	0	0	0	0	0	0	0

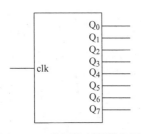

图 6-16　彩灯控制器模块图

同一功能的实现方式有很多，如前述几个数字电路，但在进行具体数字系统设计时，需要根据实际所要设计的电路特点，合理选择设计实现方式。就目前的彩灯控制器而言，如果要用门电路或连续赋值语句等方式实现是可行的，但是设计过程会变得非常复杂，因为首先要设计出能够实现表 6-6 所示内容的电路结构。针对此类电路设计，采用行为描述方式将更加可行，但行为描述方式也有不同的具体实施方法，下面分别用 if 语句和 case 语句实现上述功能，并作以比较。

1. 利用 if 语句的实现方式

```
module LedCon8_if( clk , Q) ;
input clk ;
output[ 0:7 ] Q ;
reg[ 0:7 ] Q ;
always
    @ ( posedge clk )
begin
    if( Q == 8'B00000000 )
    begin
        Q = 8'B10000000 ;
    end
    else
    begin
        if( Q == 8'B10000000 )
        begin
            Q = 8'B11000000 ;
        end
        else
        begin
            if( Q == 8'B11000000 )
            begin
                Q = 8'B11100000 ;
            end
            else
            begin
                if( Q == 8'B11100000 )
                begin
                    Q = 8'B11110000 ;
                end
                else
                begin
                    if( Q == 8'B11110000 )
                    begin
                        Q = 8'B11111000 ;
                    end
                    else
                    begin
                        if( Q == 8'B11111000 )
```

```
begin
    Q = 8'B11111100;
end
else
begin
    if(Q == 8'B11111100)
    begin
        Q = 8'B11111110;
    end
    else
    begin
        if(Q == 8'B11111110)
        begin
            Q = 8'B11111111;
        end
        else
        begin
            if(Q == 8'B11111111)
            begin
                Q = 8'B01111111;
            end
            else
            begin
                if(Q == 8'B01111111)
                begin
                    Q = 8'B00111111;
                end
                else
                begin
                    if(Q == 8'B00111111)
                    begin
                        Q = 8'B00011111;
                    end
                    else
                    begin
                        if(Q == 8'B00011111)
                        begin
                            Q = 8'B00001111;
                        end
                        else
                        begin
                            if(Q == 8'B00001111)
                            begin
```

```
                                                        Q = 8'B00000111;
                                                 end
                                                 else
                                                 begin
                                                     if( Q == 8'B00000111)
                                                     begin
                                                         Q = 8'B00000011;
                                                     end
                                                     else
                                                     begin
                                                     if( Q == 8'B00000011)
                                                     begin
                                                         Q = 8'B00000001;
                                                     end
                                                     else
                                                     begin
                                                         Q = 8'B10000000;
                                                     end
                                                     end
                                             end
                                         end
                                     end
                                 end
                             end
                         end
                     end
                 end
             end
         end
     end
   end
  end
 end
end
endmodule
```

上述利用 if…else 语句嵌套实现彩灯控制器功能，思考以下问题：

① 彩灯的变化频率或速度取决于什么？

② 如果要改变彩灯的变化规律应如何进行修改？

2. 利用 case 语句实现彩灯控制

```
module LedCon8( clk,Q);
input clk;
output[0:7] Q;
reg[0:7] Q;
```

```
always
    @ ( posedge clk )
begin
    case( Q )
    8'B00000000 : Q = 8'B10000000;
    8'B10000000 : Q = 8'B11000000;
    8'B11000000 : Q = 8'B11100000;
    8'B11100000 : Q = 8'B11110000;
    8'B11110000 : Q = 8'B11111000;
    8'B11111000 : Q = 8'B11111100;
    8'B11111100 : Q = 8'B11111110;
    8'B11111110 : Q = 8'B11111111;
    8'B11111111 : Q = 8'B01111111;
    8'B01111111 : Q = 8'B00111111;
    8'B00111111 : Q = 8'B00011111;
    8'B00011111 : Q = 8'B00001111;
    8'B00001111 : Q = 8'B00000111;
    8'B00000111 : Q = 8'B00000011;
    8'B00000011 : Q = 8'B00000001;
    8'B00000001 : Q = 8'B10000000;
    endcase
end
endmodule
```

3. 利用计数器设计实现彩灯控制功能

上述两种方式都能实现所预定的彩灯控制功能，实现原理基本一致，书写的工作量差别较大。同时要注意书写程序代码时的规范性，例如缩进，可以大大增加代码的可读性，便于分析和调试。

除了上述描述方法之外，是否还有其他表示方式？例如移位操作在该功能中是否能有应用？下面利用计数器功能设计实现彩灯控制器。

表6-6 所示彩灯控制器真值表中，总共有 16 种不同的显示方式，按照一定规律变化显示。首先可以设计一个十六进制计数器，用于区分彩灯控制器的 16 种不同显示状态。

十六进制计数器需要产生 16 种不同的状态组合，因此需要有 4 个输出信号，记为 Q_3、Q_2、Q_1、Q_0，输入包含使能控制信号 EN，时钟信号 CLK。对应的十六进制计数器状态转换真值表如表6-7 所示。

表 6-7　十六进制计数器状态转换真值表

CLK	EN	Q_3	Q_2	Q_1	Q_0
↑	0	0	0	0	0
↑	1	0	0	0	1
↑	1	0	0	1	0
↑	1	0	0	1	1
↑	1	0	1	0	0
↑	1	0	1	0	1
↑	1	0	1	1	0
↑	1	0	1	1	1
↑	1	1	0	0	0
↑	1	1	0	0	1
↑	1	1	0	1	0
↑	1	1	0	1	1
↑	1	1	1	0	0
↑	1	1	1	0	1
↑	1	1	1	1	0
↑	1	1	1	1	1
↑	1	0	0	0	0

156

十六进制计数器设计程序如下：

```
module counter_16(EN,CLK,Q);
input EN,CLK
output[3:0] Q;
reg [3:0] Q;
always
    @(posedge CLK)
    begin
        if(EN == 1)
        begin
            if(Q < 4'D15)
            begin
                Q = Q + 1;
            end
            else
            begin
                Q = 4'H0;
            end
        end
        else
        begin
            Q = 4'H0;
        end
    end
```

在完成十六进制计数器设计后，即可通过调用该十六进制计数器实现前述彩灯控制器功能。程序如下：

```
module LedCon8(en,clk,Q);
input clk,en;
output[0:7] Q;
reg[0:7] Q;
wire [3:0] fq;
counter_16 U1(en,clk,fq);
always
    @( fq)
begin
    case(fq)
    4'H0 : Q = 8'B10000000;
    4'H1 : Q = 8'B11000000;
    4'H2 : Q = 8'B11100000;
    4'H3 : Q = 8'B11110000;
    4'H4 : Q = 8'B11111000;
```

```
        4'H5: Q = 8'B11111100;
        4'H6: Q = 8'B11111110;
        4'H7: Q = 8'B11111111;
        4'H8: Q = 8'B01111111;
        4'H9: Q = 8'B00111111;
        4'HA: Q = 8'B00011111;
        4'HB: Q = 8'B00001111;
        4'HC: Q = 8'B00000111;
        4'HD: Q = 8'B00000011;
        4'HE: Q = 8'B00000001;
        4'HF: Q = 8'B10000000;
        default: Q = 8'B00000000;
        endcase
    end
endmodule
```

分析上述彩灯控制器实现过程，思考以下问题：

1）调用模块 counter_ 16 时，对应的临时变量 fq 为何要声明为 wire 四位？如果不声明是否可以？

2）在根据计数器结果 fq 决定彩灯控制器输出状态的 always 语句中，为何没有使用@（posedge clk）作为敏感量？

3）如果增加彩灯控制器变化的规律，应如何进行修改？

彩灯控制器仿真文件如下：

```
'timescale 1 ps/ 1 ps
module LedCon8_vlg_tst( );
// constants
// general purpose registers
reg eachvec;
// test vector input registers
reg clk;
// wires
wire [0:7]  Q;

// assign statements (if any)
LedCon8 i1 (
// port map - connection between master ports and signals/registers
. Q(Q),
. clk(clk)
);
initial
begin
clk = 0;
```

```
end
always
// optional sensitivity list
// @ (event1 or event2 or…eventn)
begin
#10 clk = ~clk;
end
endmodule
```

彩灯控制器仿真波形如图 6-17 所示。

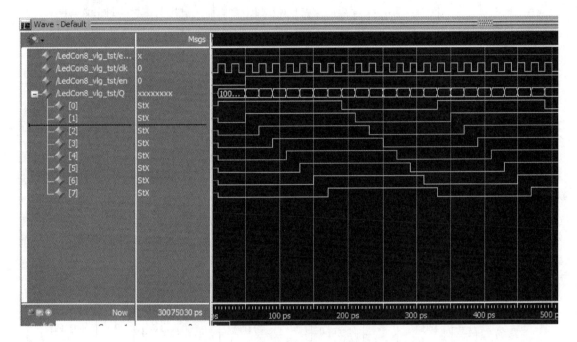

图 6-17 彩灯控制器仿真波形图

6.3 综合设计实例

以 PLD 器件为基础的现代数字系统设计，通常采用"自顶向下"的设计思想，将复杂的系统功能进行细分，划分成多个功能较弱且相对独立的子系统。如果划分的子系统功能依然比较复杂，还可以继续进行细分，本节的综合实例均采用这种设计思想。

6.3.1 可校时的 24 制数字钟

1. 数字钟原理

（1）计时原理

基本 24 制数字钟以秒脉冲作为计时基准，每 60 个秒脉冲记为 1 分钟，每 60 分钟记为 1 小时，每 24 小时记为 1 天。因此 24 制数字钟本质是一个由若干计数器构成的一个很大的计数器，具体包括两个六十进制计数器和一个二十四进制计数器。两个六十进制计数器分别对应分和秒计时，二十四进制计数器对应小时计时。3 个计数器的组织方式，按照数字时序电路的构成方法，可以有同步结构和异步结构两种。同步结构是指在合理控制分计数器和小时计数器的计时功能情况下，3 个计数器的计数脉冲都由同一个秒脉冲驱动。异步结构是将秒计时的六十进制计数器的进位作为分计时的脉冲使用；分计时的六十进制计数器的进位作为小时计时的脉冲使用。本文以同步结构方式为例，实现该数字钟功能。基本 24 制数字钟结构框图如图 6-18 所示。

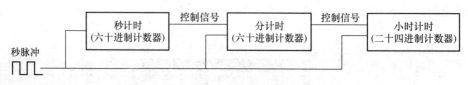

图 6-18　基本 24 制数字钟结构框图

（2）校时原理

数字钟在实际使用过程中，如果出现计时误差时，需要根据实际时间进行校时，即快速将数字钟的计时时间调整为当前实际时间。

如果对秒进行校时，需要为校时电路提供周期小于 1s 的校时脉冲，例如周期为 0.1s 的校时脉冲。简单起见，本例中只提供单一的秒脉冲，因此暂不对秒进行校时。如果要对分进行校时，可以使分计时器按照秒计时的速度进行计时，当分计时器的计时结果与当前时间的分相对应时，将分计时器状态保存下来，并从当前所表示的分开始计时。同样，在对小时进行校时时，可以使小时计时器按照秒计时的速度进行计时，当小时计时器的计时结果与当前小时相对应时，将小时计时器的状态保存下来，并从当前所表示的小时开始计时。具有校时功能的 24 制数字钟功能框图如图 6-19 所示。

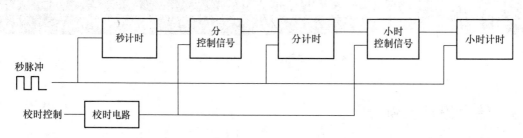

图 6-19　具有校时功能的 24 制数字钟功能框图

2. 计时功能实现

六十进制计数器和二十四进制计数器还可以继续分解成由两个十进制计数器构成。

按照"自顶向下"的实现方式，首先实现十进制计数器，然后分别实现六十进制和二十四进制计数器。

（1）十进制计数器

十进制计数器除实现基本的计数功能外，还应具备清零、置数和使能等功能。其模块框图如图 6-20 所示。

十进制计数器的 Verilog HDL 程序代码（代码中的清

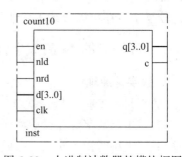

图 6-20　十进制计数器的模块框图

零和置数功能都是同步的）如下：

```verilog
module count10(en,nld,nrd,d,clk,q,c);    //十进制计数器 Verilog HDL 描述
input en,nld,nrd,clk;
input[3:0]d;
output c;
output[3:0]q;
reg c;
reg[3:0]q;
always
    @(posedge clk)
begin
    if(en == 1)
    begin
        if(nrd == 0)
            begin
                q = 4'd0;
            end
        else
        if(nld == 0)
            q = d;
        else
            if(q < 4'd9)
                q = q + 1;
            else
                q = 4'd0;
    end
end
always @(q)
if(q == 4'd9)
            c = 1;
        else
            c = 0;
endmodule
```

仿真代码如下：

```verilog
'timescale 1 us/ 1 ns
module count10_vlg_tst();
// constants
// general purpose registers
reg eachvec;
// test vector input registers
reg clk;
reg [3:0] d;
```

```verilog
reg en;
reg nld;
reg nrd;
// wires
wire c;
wire [3:0]  q;
// assign statements (if any)
count10 i1 (
// port map  – connection between master ports and signals/registers
    . c(c),
    . clk(clk),
    . d(d),
    . en(en),
    . nld(nld),
    . nrd(nrd),
    . q(q)
);
initial
begin
    en  = 1;
    nrd  = 1;
    nld  = 1;
    clk  = 0;
    d  = 4'd4;
    // 下面一行使能无效,用于验证使能是否发挥作用,如图 6-21 所示
    en  <= #100 0;
    // 使能有效,恢复计数功能
    en  <= #150 1;
    // 清零有效,验证清零功能是否发挥作用,如图 6-22 所示
    nrd <= #200 0;
    // 清零无效,恢复计数功能
    nrd <= #250 1;
    // 置数有效,验证置数功能是否发挥作用,如图 6-23 所示
    nld <= #300 0;
    // 置数无效,恢复计数功能,如图 6-24 所示
    nld <= #350 1;
end
always
    #1 clk  =  ~ clk;
endmodule
```

（2）六十进制计数器

六十进制计数器是通过调用十进制计数器实现的，结构如图 6-25 所示。

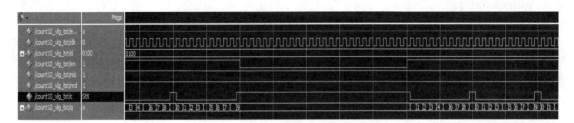

图 6-21 使能信号功能验证波形

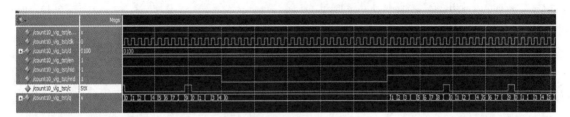

图 6-22 清零信号功能验证波形

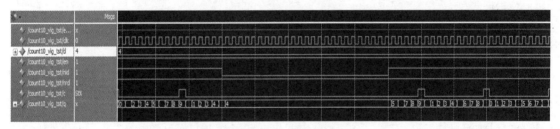

图 6-23 置数信号功能验证波形

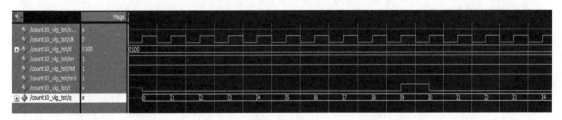

图 6-24 十进制计数器计数功能仿真输出波形

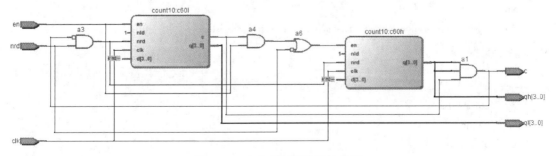

图 6-25 六十进制计数器结构图

163

程序代码如下：

```
module count60 (en,nrd,clk,qh,ql,c); //六十进制计数器 Verilog HDL 描述
input en,clk,nrd;
output c;
output[3:0]qh,ql;
//wire ch,cl,nando;
//module count10(en,nld,nrd,d,clk,q,c);
    count10 c60h(oro,1,ando,4'd0,clk,qh,ch);
    count10 c60l(oro2,1,ando,4'd0,clk,ql,cl);
    nand a1(nando,qh[2],qh[0],cl);
    not a2(c,nando);
    and a3(ando,nrd,nando);
    and a4(enl,en,cl);
    not a5 (nrdn,nrd);
    or a6(oro,nrdn,enl);
    or a7 (oro2,nrdn,en);
endmodule
```

仿真代码如下：

```
'timescale 1 ns/ 1 ps
module count60_vlg_tst();
// constants
// general purpose registers
reg eachvec;
// test vector input registers
reg clk;
reg en;
reg nrd;
// wires
wire c;
wire [3:0]  qh;
wire [3:0]  ql;
// assign statements (if any)
count60 i1 (
// port map – connection between master ports and signals/registers
    . c(c),
    . clk(clk),
    . en(en),
    . nrd(nrd),
    . qh(qh),
    . ql(ql)
);
initial
```

```
begin
    en  =  1；
    nrd  =  0；
    clk  =  0；
    //qh  =  4'd0；
    //ql  =  4'd0；
    //c  =  0；
    #5 nrd  =  1；
    #100 en  =  0；//使能有效,验证使能是否发挥作用,如图 6-26 所示
    #5 en  =  1；
    #5 nrd  =  0； // 清零有效,验证清零是否发挥作用,如图 6-26 所示
    #5 nrd  =  1；//恢复计数功能,如图 6-27 所示
end
always
// optional sensitivity list
// @（event1 or event2 or…eventn）
begin
    #1 clk  =  ～clk；
end
endmodule
```

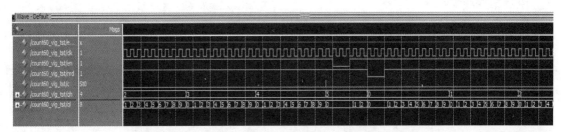

图 6-26　六十进制计数器使能和清零信号功能验证波形图

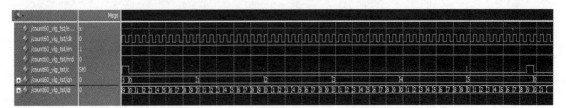

图 6-27　六十进制计数器计数功能波形图

（3）二十四进制计数器

二十四进制计数器也是通过调用十进制计数器实现的,结构如图 6-28 所示。

二十四进制计数器 Verilog HDL 程序代码如下:

```
module count24（en,nrd,clk,qh,ql,c）；
input en,clk,nrd；
output c；
output[3:0]qh,ql；
```

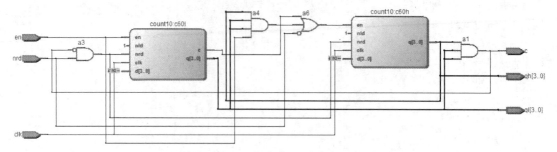

图 6-28 二十四进制计数器结构图

```
count10 c60h(oro,1,ando,4'd0,clk,qh,ch);
count10 c60l(oro2,1,ando,4'd0,clk,ql,cl);
nand a1(nando,qh[1],ql[1],ql[0]);
not a2(c,nando);
and a3(ando,nrd,nando);
and a4(enl,en,qh[1],ql[1],ql[0]);
not a5 (nrdn,nrd);
or a6(oro,nrdn,enl,cl);
or a7 (oro2,nrdn,en);
endmodule
```

仿真代码如下：

```
'timescale 1 ns/ 1 ps
module count24_vlg_tst();
// constants
// general purpose registers
reg eachvec;
// test vector input registers
reg clk;
reg en;
reg nrd;
// wires
wire c;
wire [3:0]  qh;
wire [3:0]  ql;
// assign statements (if any)
count24 i1 (
// port map  – connection between master ports and signals/registers
    .c(c),
    .clk(clk),
    .en(en),
    .nrd(nrd),
    .qh(qh),
    .ql(ql)
```

```
);
initial
begin
    en = 1;
    nrd = 0;
    clk = 0;
    //qh = 4'd0;
    //ql = 4'd0;
    //c = 0;
    #5 nrd = 1;
    #5 nrd = 1;
    #100 en = 0;//使能有效,验证使能是否发挥作用,如图 6-29 所示
    #5 en = 1;
    #5 nrd = 0; // 清零有效,验证清零是否发挥作用,如图 6-29 所示
    #5 nrd = 1;// 恢复计数功能,如图 6-30 所示
end
always
// optional sensitivity list
// @ (event1 or event2 or…eventn)
begin
    #1 clk = ~ clk;
end
endmodule
```

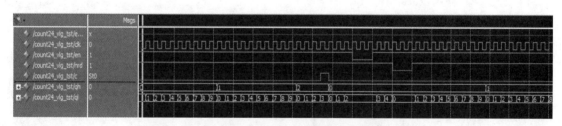

图 6-29　二十四进制计数器使能和清零功能验证波形图

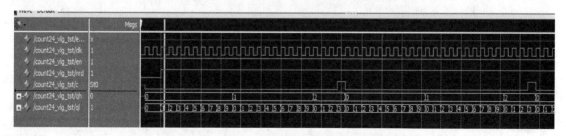

图 6-30　二十四进制计数器计数功能波形图

3. 校时功能实现

校时电路用于对时钟进行校准。设置一个校准按键，当第 1 次按下该按键时，选择秒脉冲输入分计时器，当第 2 次按下该键时选择秒脉冲输入小时计时器，当第 3 次按下按键时恢

复正常计时状态。校时电路的模块如图 6-31 所示。

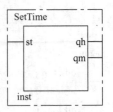

图 6-31　校时电路模块图

校时电路程序代码如下：

```
module SetTime(st,qh,qm);
input st;
output qh,qm;
reg qh,qm;
always @ ( posedge st)
begin
    if( ( qh == 0) && ( qm == 0) )
    begin
        qh = 0;
        qm = 1;
    end
    else
    if( ( qh == 0) && ( qm == 1) )
        begin
            qh = 1;
            qm = 0;
        end
    else
        begin
            qh = 0;
            qm = 0;
        end
end
endmodule
```

仿真程序代码如下：

```
'timescale 1 ps/ 1 ps
module SetTime_vlg_tst( );
// constants
// general purpose registers
reg eachvec;
// test vector input registers
reg st;
// wires
wire qh;
wire qm;
// assign statements ( if any)
SetTime i1 (
// port map – connection between master ports and signals/registers
    . qh( qh) ,
    . qm( qm) ,
```

```
    . st( st)
);
initial
begin
    st = 0;
end
always
// optional sensitivity list
// @ ( event1 or event2 or…eventn)
begin
    #10 st = ~ st;
end
endmodule
```

校时电路仿真波形如图 6-32 所示。

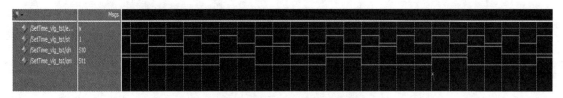

图 6-32　校时电路仿真波形图

4. 顶层设计

具有校时、校分功能的数字钟顶层设计，通过调用已设计的六十进制计数器模电、二十四进制计数器模块、校时电路模块实现。顶层设计电路如图 6-33 所示。

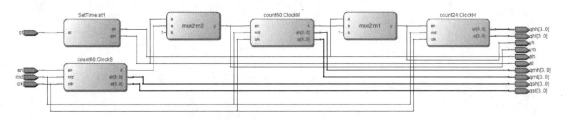

图 6-33　数字钟顶层电路图

顶层设计实现代码如下：

```
module DigitalClock( en,nrd,clk,st,qhh,qhl,qmh,qml,qsh,qsl,yh,ym,sh,sl);
input en,nrd,clk,st;
output[3:0]qhh,qhl,qmh,qml,qsh,qsl;
output yh,ym,sh,sl;
    //module count24 ( en,nrd,clk,qh,ql,c);
    //module count60 ( en,nrd,clk,qh,ql,c);
    count60 ClockS( en,nrd,clk,qsh,qsl,cs);
    not n1( ncs,cs);
    count60 ClockM( ym,nrd,clk,qmh,qml,cm);
    not n2( ncm,cm);
```

```
            count24 ClockH(yh,nrd,clk,qhh,qhl,ch);
            //module SetTime(st,qh,qm);
            SetTime st1(st,sh,sl);
            //module mux2(s,a,b,y);
            mux2 m1(sh,cm,1,yh);
            mux2 m2(sl,cs,1,ym);
        endmodule
```

顶层设计仿真代码如下:

```
'timescale 1 ps/ 1 ps
module DigitalClock_vlg_tst();
// constants
// general purpose registers
reg eachvec;
// test vector input registers
reg clk;
reg en;
reg nrd;
reg st;
// wires
wire [3:0] qhh;
wire [3:0] qhl;
wire [3:0] qmh;
wire [3:0] qml;
wire [3:0] qsh;
wire [3:0] qsl;
wire sh;
wire sl;
wire yh;
wire ym;
// assign statements (if any)
DigitalClock i1 (
// port map - connection between master ports and signals/registers
    .clk(clk),
    .en(en),
    .nrd(nrd),
    .qhh(qhh),
    .qhl(qhl),
    .qmh(qmh),
    .qml(qml),
    .qsh(qsh),
    .qsl(qsl),
    .sh(sh),
    .sl(sl),
    .st(st),
```

```
        . yh(yh),
        . ym(ym)
   );
   initial
   begin
        en = 1;
        nrd = 0;
        clk = 0;
        st = 0;
        #10 st = 1;
        #11 st = 0;
        #50 en = 0;
        #51 en = 1;
        #60 nrd = 0;
        #61 nrd = 1;
        #500 en = 0;
        #5001 en = 1;
        #1500 nrd = 0;
        #1501 nrd = 1;
        #2500 st = 1;
        #2501 st = 0;
        #2502 st = 1;
        #2503 st = 0;
        #2504 st = 1;
        #2505 st = 0;
   end
   always
   // optional sensitivity list
   // @(event1 or event2 or…eventn)
   begin
        #10 clk = ~clk;
   end
   endmodule
```

计时、使能验证仿真波形如图 6-34 所示；计时、清零验证仿真波形图如图 6-35 所示；分校时仿真波形如图 6-36 所示；小时校时仿真波形如图 6-37 所示。

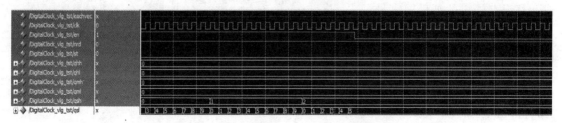

图 6-34 数字钟使能、计时功能验证波形图

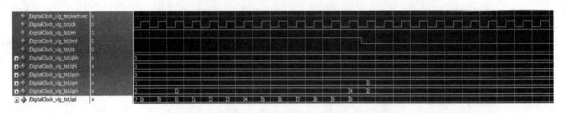

图 6-35　数字钟清零、计时功能验证波形图

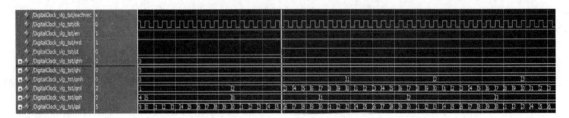

图 6-36　数字钟分校时功能验证波形图

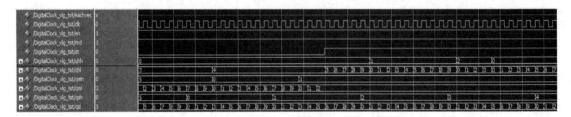

图 6-37　数字钟小时校时功能验证波形图

6.3.2　基于 FPGA 的点钞机纸币图像双向录入系统

目前，银行等金融机构所使用的点钞机都要求具备录码功能，即将被点过的所有纸币冠字号全部记录下来，这样的点钞机称为录码点钞机或称 A 类机。由于纸币冠字号只存在于纸币正面的特定位置。而实际使用点钞机时，每张纸币的朝向都是随机的，因此要把每张纸币的冠字号都记录下来，必须在点钞时获取到每张纸币正反两面的图像。

由于点钞机内部空间有限，能够应用在点钞机中的图像传感器主要是接触式图像传感器（CIS 传感器）。在点钞机内部，点钞纸币经过的路径设置两条同样的传感器，点钞时纸币从两个传感器中间穿过时获取到正反两面的图像。基于点钞机的纸币冠字号录入系统结构示意图如图 6-38 所示。

CIS 传感器和 CIS 信号处理器，在对应时序驱动下才能正常工作。目前点钞机的标准点钞速度为 900～1200 张/min，即 15～20 张/s，因此必须在 50ms 内实现对纸币双面图像

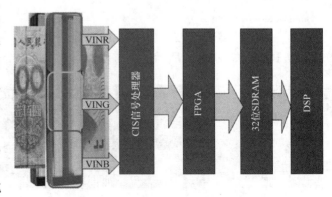

图 6-38　点钞机纸币图像双向录入系统示意图

的采集、识别、存储等工作，这就首先要求有较高速的图像采集速度。因此目前的 CIS 传感器采用分段同时工作的模式，即一个 CIS 传感器分割成 3 个可以独立工作的传感器，分别负责获取不同位置的图像。CIS 信号处理器的 8 位数字数据输出接口，循环输出 CIS 传感器 3 段的数据，与后续的 SDRAM 缓存器进行数据转换。另外，还需要满足 SDRAM 的时序要求，才可以进行读写操作，将图像数据存储到 SDRAM 缓存中。上述几项功能都采用 FPGA 器件，利用 Verilog HDL 编程来实现。点钞机纸币图像处理系统总体框图如图 6-39 所示，以下是对每个模块的设计及仿真。

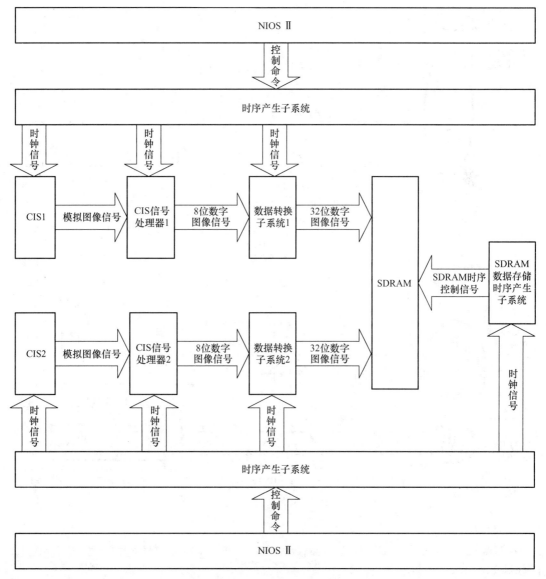

图 6-39　点钞机纸币图像处理系统总体框图

1. 时序产生子系统

CIS 传感器所需时序信号包括时钟信号 CLK、图像输出起始信号 SI、光源 LED 控制信号。CIS 传感器时序图如图 6-40 所示。CIS 信号处理器工作所需的时序信号包括同步信号和

A－D 转换信号。CIS 信号处理器时序图如图 6-41 所示。FPGA 外围电路提供 50MHz 的主时钟，其他所需时钟信号都通过该时钟分频得到。时序产生子系统模块图如图 6-42 所示。

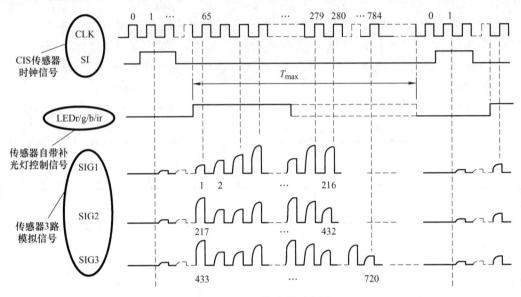

图 6-40　CIS 传感器时序图

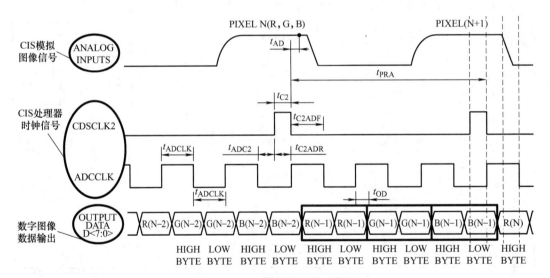

图 6-41　CIS 信号处理器时序图

程序代码如下：

/* 以 MCLK 为主时钟,分别产生 CIS 传感器所需时钟 CIS_CLK,CIS 信号处理器所需时钟 AD_CLK、CDSCLK2 */

```
always @ ( posedge MCLK)
  begin
      if( num_AD < 5'd4 )
            begin
                CIS_CLK = 1;
```

```
            CDSCLK2 = 0;
            AD_CLK = 1;
        end
else
        if( num_AD < 5'd6 )
        begin
            CIS_CLK = 1;
            CDSCLK2 = 0;
            AD_CLK = 0;
            end
else
        if( num_AD < 5'd8 )
        begin
            CIS_CLK = 0;
            CDSCLK2 = 0;
            AD_CLK = 0;
        end
else
        if( num_AD < 5'd12 )
        begin
            CIS_CLK = 0;
            CDSCLK2 = 0;
            AD_CLK = 1;
        end
else
        if( num_AD < 5'd16 )
        begin
            CIS_CLK = 1;
            CDSCLK2 = 0;
            AD_CLK = 0;
        end
else
        if( num_AD < 5'd18 )
        begin
            CIS_CLK = 1;
            CDSCLK2 = 0;
            AD_CLK = 1;
        end
else
        if( num_AD < 5'd20 )
        begin
            CIS_CLK = 0;
            AD_CLK = 1;
```

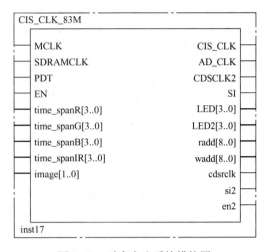

图 6-42 时序产生系统模块图

```
                CDSCLK2 = 0;
            end
        else
            if( num_AD < 5'd21 )
            begin
                CIS_CLK = 0;
                AD_CLK = 0;
                CDSCLK2 = 0;
            end
        else
            if( num_AD < 5'd23 )
            begin
                CIS_CLK = 0;
                AD_CLK = 0;
                CDSCLK2 = 1;
            end
        else
            begin
                CIS_CLK = 0;
                AD_CLK = 0;
                CDSCLK2 = 0;
            end

        if( num_AD < 5'd23 )
            num_AD = num_AD + 5'H1;
        else
            begin
                num_AD = 5'b00000;

            end
end
```

/* 以下以产生的 CIS_CLK 时钟为基准,产生 CIS 传感器数据输出的起始信号 SI */

```
always @ ( posedge CIS_CLK )
    begin
        if( num_clk < 12'd2 )
            SI = 1;
        else
            SI = 0;
        if( num_clk < 12'd648 )//650 为 1/3CIS 所采集的点数
                    num_clk = num_clk + 1'b1;
        else
                    num_clk = 12'h000;
        if( num_clk < 324 )
```

```
                        si2 = 1;
            else
                        si2 = 0;

        end
/* 以产生的 SI 为基准,依次控制 CIS 传感器所配备的 4 种颜色的 LED 的亮灭,分别获取对应光谱的图像 */
        always @ ( negedge SI)
        if( EN == 1)
        begin
            //if( SI == 1)
            begin
                if( image == 2'b00)
                    case( state_led)//R G B IR
                    2'B00:begin rLED = 4'B0100; state_led = 2'b01;end//G
                    2'B01:begin rLED = 4'B1000; state_led = 2'b10;end//R
                    2'B10:begin rLED = 4'B0100; state_led = 2'b11;end//G
                    2'B11:begin rLED = 4'B0010; state_led = 2'b00;end//B
                    default:state_led = 2'B00;
                    endcase
                else if( image == 2'b01)
                    case( state_led)//R G B IR
                    2'B00:begin rLED = 4'B0100; state_led = 2'b01;end//G
                    2'B01:begin rLED = 4'B0100; state_led = 2'b10;end//G
                    2'B10:begin rLED = 4'B0100; state_led = 2'b11;end//G
                    2'B11:begin rLED = 4'B0001; state_led = 2'b00;end//IR
                    default:state_led = 2'B00;
                    endcase
                else if( image == 2'b10)
                    rLED = 4'B0100;
            end
        end
         else
            begin
                state_led = 2'b00;
                rLED = 4'B0100;//G
            end
        always @ ( negedge CDSCLK2)
            //if( EN == 1)
            begin
                if( SI == 1'b1)
                    begin
                    wadd = 9'd0;
```

```
                        end
                    //else
                //    wadd = 0;
            else
                    begin
                    if( wadd < 9'd511)
                        wadd = wadd + 9'b1;
                    else
                     wadd = 0;
                    end
        end
```

时序仿真代码如下:

```
'timescale 1 ps/ 1 ps
module CIS_CLK_83M_vlg_tst( );
// constants
// general purpose registers
reg eachvec;
// test vector input registers
reg EN;
reg MCLK;
reg PDT;
reg SDRAMCLK;
reg [1:0] image;
reg [3:0] time_spanB;
reg [3:0] time_spanG;
reg [3:0] time_spanIR;
reg [3:0] time_spanR;
// wires
wire AD_CLK;
wire CDSCLK2;
wire CIS_CLK;
wire [3:0]   LED;
wire [3:0]   LED2;
wire SI;
wire cdsrclk;
wire en2;
wire [8:0]   radd;
wire si2;
wire [8:0]   wadd;
// assign statements ( if any)
CIS_CLK_83M i1 (
```

```verilog
// port map - connection between master ports and signals/registers
    . AD_CLK( AD_CLK) ,
    . CDSCLK2( CDSCLK2) ,
    . CIS_CLK( CIS_CLK) ,
    . EN( EN) ,
    . LED( LED) ,
    . LED2( LED2) ,
    . MCLK( MCLK) ,
    . PDT( PDT) ,
    . SDRAMCLK( SDRAMCLK) ,
    . SI( SI) ,
    . cdsrclk( cdsrclk) ,
    . en2( en2) ,
    . image( image) ,
    . radd( radd) ,
    . si2( si2) ,
    . time_spanB( time_spanB) ,
    . time_spanG( time_spanG) ,
    . time_spanIR( time_spanIR) ,
    . time_spanR( time_spanR) ,
    . wadd( wadd)
);
initial
begin
    MCLK = 0;
    EN = 1;
    SDRAMCLK = 0;
    PDT = 1;
    time_spanR = 4'HF;
    time_spanG = 4'HF;
    time_spanB = 4'HF;
    time_spanIR = 4'HF;
    image = 2'H1;
end
always
// optional sensitivity list
// @ ( event1 or event2 or…eventn)
begin
    #1 MCLK = ~ MCLK;
end
always
    #3 SDRAMCLK = ~ SDRAMCLK;
endmodule
```

时序产生子系统的仿真波形如图 6-43 所示。

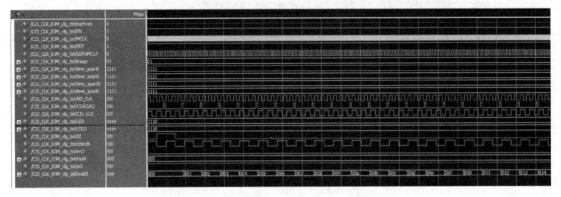

图6-43　时序产生子系统的仿真波形图

2. 数据转换子系统

当前主要应用在该领域的 CIS 图像传感器普遍分为 3 段，如图 6-38 所示，3 段同时工作采集图像，即相当于同时使用 3 个图像传感器获取图像每面的图像，这样图像获取速度提高了 3 倍。每个 CIS 图像传感器包含了 3 段传感器，它们同时工作，分别输出对应的模拟图像信号，如图 6-38 中的 VINR、VING、VINB，同时将每路模拟信号转换为数字信号后进行后续的存储和识别等处理。针对 CIS 模拟图像信号，一般使用专用的 CIS 信号处理器，该类型的处理器可以同时接收 3 路模拟 CIS 信号，并转换为数字信号后按照一定顺序依次通过一个数字数据接口输出，该数据接口一般为 8 位。按照 3 段传感器的顺序，依次分别输出第 1 段的第 1 个数据、第 2 段的第 1 个数据和第 3 段的第 1 个数据，其他依次类推，信号处理器时序图如图 6-41 所示。

如时序图 6-42 所示，每个 CDSCLK2 周期输出一组数字图像数据，该组数据分别包括一个 R、G、B 通道数据，每个数据对应一个 ADCLK 脉冲。需要将每组 3 个 8 位的图像数据整合成一个 24 位的数据，然后再存储到后续的 SDRAM 缓存中，提高缓存的利用效率。数据转换子系统的模块图如图 6-44 所示。

数据转换子系统代码如下：

```verilog
module data8_32(CDS,ADCLK,DATA8,DATA32);
input EN,CDS,ADCLK;
input [7:0] DATA8;
output [31:0] DATA32;
reg [31:0] DATA32;
reg start,CDS_STATE;
reg [1:0] num;
reg[7:0]d0,d1,d2,d3;
    always
        @ (negedge ADCLK)
    begin
        if( CDS == 1)
            begin
                num = 2'B00;
            end
```

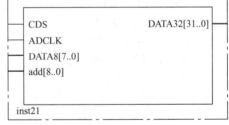

图6-44　数据转换子系统的模块图

```
        else
            begin
                case(num)
                3'b00:begin d0 = DATA8;num = 2'b01; end
                3'b01:begin d1 = DATA8;num = 2'b10; end
                3'b10:begin d2 = DATA8;num = 2'b11; end
                default:begin d3 = DATA8;num = 2'b00;end
                endcase
            end
    end
    always @ ( negedge CDS)
        DATA32 = {d0,d1,d2,d3};
    endmodule
```

仿真代码如下：

```
'timescale 1 ps/ 1 ps
module data8_32_vlg_tst();
// constants
// general purpose registers
reg eachvec;
// test vector input registers
reg ADCLK;
reg CDS;
reg [7:0] DATA8;
reg EN;
// wires
wire [31:0]   DATA32;
// assign statements (if any)
data8_32 i1 (
// port map – connection between master ports and signals/registers
    . ADCLK(ADCLK),
    . CDS(CDS),
    . DATA8(DATA8),
    . DATA32(DATA32),
    . EN(EN)
);
initial
begin
// code that executes only once
// insert code here –-> begin
    EN = 1;
    CDS = 1;
    ADCLK = 0;
end
always
// optional sensitivity list
```

```
// @ ( event1 or event2 or…eventn )
begin
    //#1 ADCLK  =  ~ ADCLK ;
    #10 CDS  = 0 ;
    #1    ADCLK  = 1 ;
    DATA8  = 8'H12 ;
    #10 ADCLK  = 0 ;
    #10 ADCLK  = 1 ;
    DATA8  = 8'H34 ;
    #10 ADCLK  = 0 ;
    #10 ADCLK  = 1 ;
    DATA8  = 8'H56 ;
    #10 ADCLK  = 0 ;
    #10 ADCLK  = 1 ;
    DATA8  = 8'H78 ;
    #10 ADCLK  = 0 ;
    #10 ADCLK  = 1 ;
    #10 ADCLK  = 0 ;
    CDS  = 1 ;
    #10 CDS  = 0 ;
    #1    ADCLK  = 1 ;
    DATA8  = 8'H23 ;
    #10 ADCLK  = 0 ;
    #10 ADCLK  = 1 ;
    DATA8  = 8'H45 ;
    #10 ADCLK  = 0 ;
    #10 ADCLK  = 1 ;
    DATA8  = 8'H67 ;
    #10 ADCLK  = 0 ;
    #10 ADCLK  = 1 ;
    DATA8  = 8'H89 ;
    #10 ADCLK  = 0 ;
    #10 ADCLK  = 1 ;
    #10 ADCLK  = 0 ;
    CDS  = 1 ;
end
endmodule
```

数据转换子系统的时序仿真波形如图 6-45 所示。

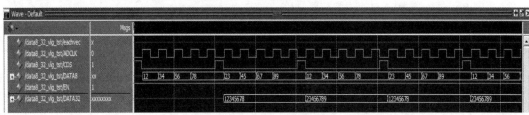

图 6-45　数据转换子系统时序仿真波形图

3. SDRAM 数据存储时序产生子系统

将转换后的数字图像数据存储到 SDRAM 缓存时，需要向 SDRAM 提供对应的时序，例如读写所需的地址信号等，SDRAM 数据存储时序模块如图 6-46 所示

SDRAM 数据存储时序产生子系统代码如下：

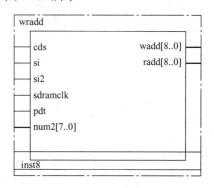

图 6-46　SDRAM 数据存储时序模块图

```verilog
module wradd(cds,si,si2,sdramclk,pdt,num2,wadd,radd);
input cds,si,si2,sdramclk,pdt;
output [7:0] num2;
output[8:0]wadd,radd;
reg [7:0] num2;
reg[8:0]wadd,radd;
reg[7:0] num;
reg rad5;
    always
        @(cds or si)
    begin
        if(si == 1)
            wadd = 9'h000;
        else
            if(cds == 0)
            if(wadd < 511)
                wadd = wadd + 1;
    end
    always
        @(sdramclk or pdt or si)
    begin
        if(pdt == 1)
        begin
            radd = 9'h000;
            num = 8'h00;
        end
        else
            if(sdramclk == 0)
            begin
                if(si == 1)
                    rad5 = 0;
                if(radd < 323)
                    if(num < 17)
                        begin
                            num = num + 1;
                            radd = radd + 1;
                        end
                    else
                        begin
                            num = 8'h00;
                            radd = radd - 1;
                        end
                if(num2 == 8'h00)
```

```
                  if( radd == 257 )
                    if( rad5 == 0 )
                       begin
                       radd = radd − 4 ;
                        rad5 = 1 ;
                       end
                         if( num >= 4 )
                                num = num − 4 ;
                              else
                                num = 17 − ( 4 − num ) ;
                  if( num2 == 1 )
                    if( radd == 193 )
                        if( rad5 == 0 )
                          begin
                                 radd = radd − 4 ;
                                 rad5 = 1 ;

                                 if( num >= 4 )
                                    num = num − 4 ;
                                 else
                                    num = 17 − ( 4 − num ) ;
                         end
                  if( num2 == 2 )
                    if( radd == 129 )
                         if( rad5 == 0 )
                          begin
                          radd = radd − 4 ;
                           rad5 = 1 ;
                            if( num >= 4 )
                                    num = num − 4 ;
                                 else
                                    num = 17 − ( 4 − num ) ;
                              end
                  if( num2 == 3 )
                    if( radd == 65 )
                        if( rad5 == 0 )
                        begin
                            radd = radd − 4 ;
                            rad5 = 1 ;
                        if( num >= 4 )
                                    num = num − 4 ;
                                else
                                    num = 17 − ( 4 − num ) ;
                         end
                  end
            end
     end
  endmodule
```

4. 顶层电路图

采用层次化的设计方法，将各子模块设计并仿真通过后构成如图 6-47 所示的顶层电路图。

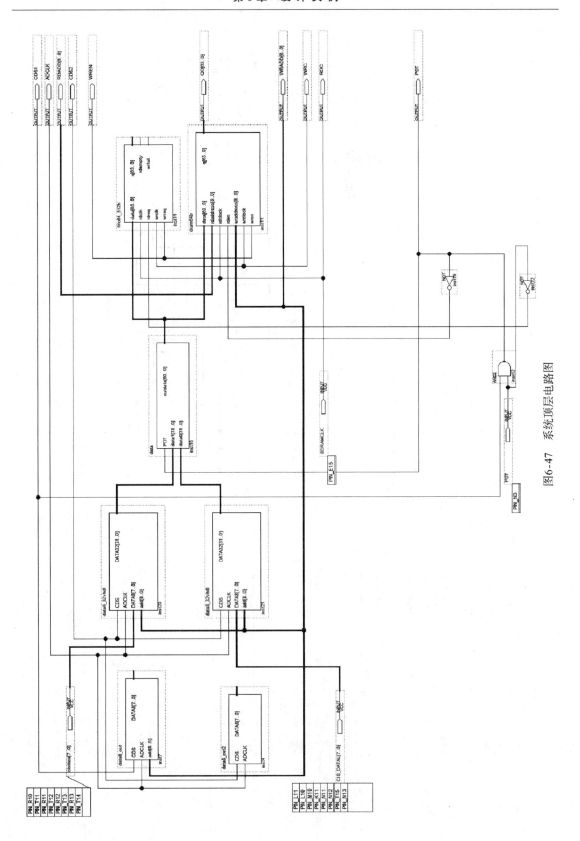

图6-47　系统顶层电路图

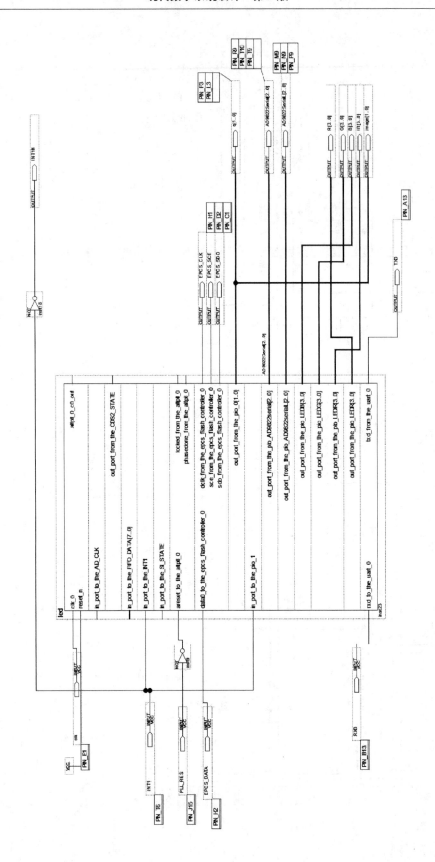

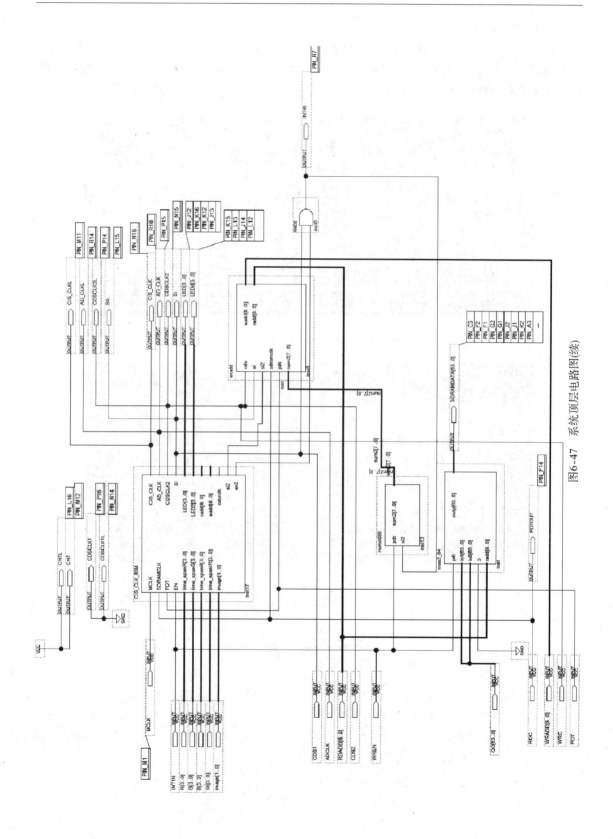

图6-47 系统顶层电路图(续)

5. 图像采集效果

按照上述设计实现被点纸币双面图像的采集，实际效果如图 6-48 所示。其中图 6-48a 和图 6-48b 是同一张纸币的正反两面图像，图 6-48c 和图 6-48d 是同一张纸币的正反两面图像。对采集到的图像利用图像处理算法可以实现对纸币冠字号的提取和识别。

图 6-48　纸币双面图像采集实际效果图

思　考　题

1. 对于比较复杂的数字系统设计是否适合采用原理图输入方式？为什么？

2. 用多种方式分别实现 JK 触发器功能，分别进行仿真验证，并观察对应电路结构的区别。

3. 复杂数字系统的设计如何进行功能细分？

4. 采用结构描述方式，进行合理的功能划分，实现多层电梯控制器功能。

5. 分析如下程序代码，找出其中存在的错误并改正。

```
Module dataprocess( sel,datainH,datainL,dataout,stop) ;
```

```
input [0:1] sel;
input [7:0] datainH, datainL;
input stop;
output[15:0] dataout;
wire dataout;
always
    @ (sel or datainH or datainL or stop)
    begin
    if(stop == 0)
    begin
        if(sel = 0)
        begin
            dataout[7:0] = datainL;
            dataout[15:8] = datainL;
        end
        else
            begin
                if(sel == 1)
                begin
                    dataout[7:0] = datainH;
                    dataout[15:8] = datainH;
                end
                else
                begin
                    if(sel == 3)
                    begin
                        dataout = { datainH, datainL};
                    end
                    else
                    begin
                        dataout = 16'h0000;
                    end
                end
            end
    end
    else
        begin
            dataout = 16'h0000;
        end
    end
endmodule
```

6. 用 3 种不同的方式实现表 6-8 所示的逻辑功能。表中 "↓" 代表下降沿，"↑" 代表上升沿,"0/1"代表任意的低电平/高电平状态。

表 6-8　逻辑功能表

输入				输出								
nR	nS	EN	clk	Q_7	Q_6	Q_5	Q_4	Q_3	Q_2	Q_1	Q_0	z
0	?	?	↓	0	0	0	0	0	0	0	0	0
1	0	?	↓	1	1	1	1	1	1	1	1	1
1	1	0	?	Q_7	Q_6	Q_3	Q_4	Q_3	Q_2	Q_1	Q_0	z
1	1	1	↑	0	0	0	0	0	0	0	0	0
1	1	1	0/1	1	0	0	0	0	0	0	0	1
1	1	1	↓	1	1	0	0	0	0	0	1	1
1	1	1	↓	1	1	1	0	0	0	1	1	1
1	1	1	↓	1	1	1	1	0	1	1	1	1
1	1	1	↓	1	1	1	1	1	1	1	1	1
1	1	1	↓	1	1	1	1	0	1	1	1	1
1	1	1	↓	1	1	1	0	0	0	1	1	1
1	1	1	↓	1	1	1	0	0	0	0	1	1
1	1	1	↓	1	0	0	0	0	0	0	0	1
1	1	1	↓	0	0	0	0	0	0	0	0	0
1	1	1	↓	1	1	1	1	1	1	1	1	1
1	1	1	↓	0	0	0	0	0	0	0	0	0
1	1	1	↓	1	1	1	1	1	1	1	1	1
1	1	1	↓	1	0	1	0	1	0	1	0	1
1	1	1	↓	0	1	0	1	0	1	0	1	0
1	1	1	↓	1	1	1	1	1	1	1	1	1

第7章 数字电路和数字系统实验

本章共列出了十个实验项目，包括组合电路实验、时序电路实验及数字系统设计实验。实验的目的是帮助读者掌握模块设计和系统设计的基本概念及方法。

实验一 四选一数据选择器

一、实验目的

1. 设计一个四选一数据选择器。
2. 采用原理图输入和硬件描述语言（Verilog HDL）输入两种设计方法。
3. 掌握功能和时序仿真方法，熟悉组合电路调试步骤。
4. 掌握 FPGA 程序下载方法。
5. 初步学会使用 Quartus Ⅱ 软件的操作过程。

二、实验说明

数据选择器也叫数据开关或多路开关。四选一数据选择器就是从 4 个备选信号中选择一路信号输出。四选一数据选择器有 4 个备选信号 D_0、D_1、D_2、D_3，两个选择信号 S_1、S_0，一个输出信号 Y。当 S_1 和 S_0 分别为 4 种状态组合 00、01、10、11 时，分别对应选择 D_0、D_1、D_2、D_3 到输出端 Y。四选一数据选择器原理框图如图 7-1 所示，其真值表如表 7-1 所示。

表 7-1 四选一数据选择器真值表

选 择 输 入		输 出
S_1	S_0	Y
0	0	D_0
0	1	D_1
1	0	D_2
1	1	D_3

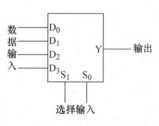

图 7-1 四选一数据选择器原理框图

三、实验要求

1. 用原理图或 Verilog HDL 设计四选一数据选择器。
2. 观测仿真波形，通过仿真结果纠正时序和功能错误。
3. 硬件下载，观察实际运行结果是否正常。
4. 总结实验过程中遇到了哪些问题及解决方法。

实验二 七段译码器

一、实验目的

1. 掌握七段译码器的工作原理。
2. 采用硬件描述语言（Verilog HDL）设计七段译码器。
3. 提高自主设计数字系统的能力。
4. 通过电路仿真，加深对七段译码器功能的理解。
5. 进一步熟悉并掌握 Quartus Ⅱ 软件的操作过程。

二、实验说明

七段译码器是用 8421BCD 码驱动数码管显示的转换控制电路，输入为 4 位的 BCD 码，即 DCBA，输出控制数码管显示对应的数值 $Y_6 \sim Y_0$。七段数码管及可显示的字符如图 7-2 所示。数码管分为共阳管和共阴管，对应的七段译码器分为输出低有效和输出高有效，本实验要求以共阴管为例，对应的七段译码器输出为高有效。七段显示译码器原理框图如图 7-3 所示，其真值表如表 7-2 所示。

图 7-2 七段数码管及可显示的字符

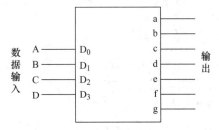

图 7-3 七段显示译码器原理框图

表 7-2 七段译码器真值表

| 输 入 | | | | 输 出 | | | | | | | 对应字符 |
D	C	B	A	a	b	c	d	e	f	g	
0	0	0	0	1	1	1	1	1	1	0	0
0	0	0	1	0	1	1	0	0	0	0	1
0	0	1	0	1	1	0	1	1	0	1	2
0	0	1	1	1	1	1	1	0	0	1	3
0	1	0	0	0	1	1	0	0	1	1	4
0	1	0	1	1	0	1	1	0	1	1	5
0	1	1	0	1	0	1	1	1	1	1	6
0	1	1	1	1	1	1	0	0	0	0	7
1	0	0	0	1	1	1	1	1	1	1	8
1	0	0	1	1	1	1	1	0	1	1	9
1	0	1	0	1	1	1	0	1	1	1	A
1	0	1	1	0	0	1	1	1	1	1	b
1	1	0	0	1	0	0	1	1	1	0	C
1	1	0	1	0	1	1	1	1	0	1	d
1	1	1	0	1	0	0	1	1	1	1	E
1	1	1	1	1	0	0	0	1	1	1	F

三、实验要求

1. 观测仿真波形，通过仿真结果纠正时序和功能错误。
2. 硬件下载，观察实际运行结果是否正常。
3. 建立一个"七段显示译码器"模块符号。
4. 总结实验过程中遇到哪些问题及解决方法。

实验三　BCD 码全加器

一、实验目的

1. 初步掌握"TOP – DOWN"（自顶向下）的层次化、模块化设计方法。
2. 熟练掌握使用原理图和硬件描述语言（Verilog HDL）混合输入法设计组合电路。

二、实验说明

1. BCD 码是一种用二进制代码表达的十进制数代码。BCD 码与 4 位二进制码关系如表 7-3 所示。从表 7-3 可以看到，0~9 时，BCD 码与 4 位二进制码相同，从 10 以后，BCD 码等于 4 位二进制码加上"110"，这也构成了它们之间的转换关系。

2. 4 位全加器是实现二进制加法的电路，即输出是逢十六进一，而不是逢十进一。为了实现逢十进一的运算，就必须对电路进行修正。

3. 设计 BCD 码加法器，首先要将两个 BCD 码输入到二进制加法器，得到的和数是一个二进制数，然后再通过转换关系转成 BCD 码。

4. 采用结构建模方式设计时，加"6"校正电路作为一个模块可 UDP（用户原语）设计；也可直接设计校正电路。用硬件描述语言（Verilog HDL）设计时，要用条件语句判断两个 BCD 码相加后是否大于 9，当大于 9 时，采取加"6"校正。

三、实验要求

1. 用硬件语言（Verilog HDL）完成二进制加法器和转换电路的设计，并用仿真方法验证设计的正确性。

2. 采用结构建模的方式设计 BCD 码加法器，并用仿真方法验证设计正确性。

3. 选做部分：当两数相加大于 19 时，输出将显示 00，且会闪动，另外扬声器会报警。

表 7-3　BCD 码与二进制代码关系

十 进 制 数	BCD 码	二 进 数	十六进制数
0	00000	00000	0
1	00001	00001	1
2	00010	00010	2
3	00011	00011	3
4	00100	00100	4

（续）

十进制数	BCD 码	二　进　数	十六进制数
5	00101	00101	5
6	00110	00110	6
7	00111	00111	7
8	01000	01000	8
9	01001	01001	9
10	10000	01010	A
11	10001	01011	B
12	10010	01100	C
13	10011	01101	D
14	10100	01110	E
15	10101	01111	F
16	10110	10000	10
17	10111	10001	11
18	11000	10010	12
19	11001	10011	13
20	00000	10100	14

实验四　十进制计数器

一、实验目的

1. 掌握时序电路的描述方法。
2. 掌握使用硬件描述语言（Verilog HDL）设计计数器功能。
3. 建立一个十进制计数器的模块符号，以备调用。
4. 通过电路仿真，加深对计数器功能的理解。

二、实验说明

计数器就是记录输入脉冲的个数。十进制计数器记满十个脉冲，记数结果回到初始值，并输出进位脉冲。计数器的输出为 4 位二进制数 $Q_3Q_2Q_1Q_0$，其中 Q_3 表示最高位；进位信号用 z 表示。十进制计数器的状态转换图如图 7-4 所示，原理框图如图 7-5 所示。

图 7-5 中，clk 为计数脉冲输入，$Q_3Q_2Q_1Q_0$ 是计数器输出，z 是进位输出。EN 是高有效使能信号，即在高电平时计数器可正常工作，反之不能工作。nLD 是低有效同步置数信号，$D_3D_2D_1D_0$ 是置入数据，即当 nLD 输入低电平时，$D_3D_2D_1D_0$ 的状态对应送给 $Q_3Q_2Q_1Q_0$。nRD 是低有效复位信号，当其为低电平时，输出 $Q_3Q_2Q_1Q_0$ 全部清零。十进制计数器状态转换真

值表如表 7-4 所示。

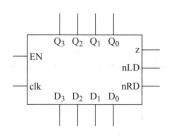

$$Q_3Q_2Q_1Q_0 \xrightarrow{/z}$$

$$0000 \xrightarrow{/0} 0001 \xrightarrow{/0} 0010 \xrightarrow{/0} 0011 \xrightarrow{/0} 0100$$

$$1001 \xleftarrow{0/} 1000 \xleftarrow{0/} 0111 \xleftarrow{0/} 0110 \xleftarrow{0/} 0101$$

图 7-4　十进制计数器的状态转换图　　　　图 7-5　十进制计数器原理框图

表 7-4　十进制计数器状态转换真值表

| 输　　入 | | | | 输　　出 | | | | |
clk	EN	nRD	nLD	Q_3	Q_2	Q_1	Q_0	z
⌐	0	?	?	—	—	—	—	—
⌐	1	0	?	0	0	0	0	0
⌐	1	1	0	D_3	D_2	D_1	D_0	0/1
⌐	1	1	1	0	0	0	0	0
⌐	1	1	1	0	0	0	1	0
⌐	1	1	1	0	0	1	0	0
⌐	1	1	1	0	0	1	1	0
⌐	1	1	1	0	1	0	0	0
⌐	1	1	1	0	1	0	1	0
⌐	1	1	1	0	1	1	0	0
⌐	1	1	1	0	1	1	1	0
⌐	1	1	1	1	0	0	0	0
⌐	1	1	1	1	0	0	1	1
⌐	1	1	1	0	0	0	0	0
⌐_	?	?	?	—	—	—	—	—
0/1	?	?	?	—	—	—	—	—

表 7-4 中 "⌐" 表示上升沿（正边沿）；"⌐_" 表示下降沿（负边沿）；"0/1" 表示低电平或高电平；"?" 表示任意（0 或者 1）；"—" 表示没有变化。

本实验为通用集成电路 74LS160 建立功能类似的模块，包括功能描述和元件符号，以备其他设计调用。类似的还可以为其他 74/54 系列、4000 系列和 4500 系列等通用集成电路建立符号库。

三、实验要求

1. 掌握将 Verilog HDL 描述的源文件创建为功能模块的方法。

2. 用仿真手段对计数器的复位、预置、计数和保持等功能进行验证。

3. 下载，观察实际运行结果是否正常。

实验五　彩灯控制器

一、实验目的

1. 掌握彩灯控制器的工作原理。
2. 掌握使用硬件描述语言（Verilog HDL）设计彩灯控制器功能。
3. 提高自主设计数字系统的能力。

二、实验说明

彩灯控制器能够控制若干彩色指示灯按照一定规律发生亮灭的变化。本实验控制 8 个彩灯，分别记为 $Q_0 \sim Q_7$。要求 8 个彩灯按照 $Q_0 \sim Q_7$ 依次点亮，然后再依次熄灭，并往复不停。彩灯亮灭的速度由外接时钟信号频率决定。在时钟信号作用下，彩灯状态转换真值表如表 7-5 所示，其中 0 代表对应的灯熄灭；1 代表对应的灯点亮。彩灯控制器原理框图如图 7-6 所示。

表 7-5　彩灯状态转换真值表

clk	Q_0	Q_1	Q_2	Q_3	Q_4	Q_5	Q_6	Q_7
⌐	0	0	0	0	0	0	0	0
⌐	1	0	0	0	0	0	0	0
⌐	1	1	0	0	0	0	0	0
⌐	1	1	1	0	0	0	0	0
⌐	1	1	1	1	0	0	0	0
⌐	1	1	1	1	1	0	0	0
⌐	1	1	1	1	1	1	0	0
⌐	1	1	1	1	1	1	1	0
⌐	1	1	1	1	1	1	1	1
⌐	0	1	1	1	1	1	1	1
⌐	0	0	1	1	1	1	1	1
⌐	0	0	0	1	1	1	1	1
⌐	0	0	0	0	1	1	1	1
⌐	0	0	0	0	0	1	1	1
⌐	0	0	0	0	0	0	1	1
⌐	0	0	0	0	0	0	0	1
⌐	0	0	0	0	0	0	0	0

三、实验要求

1. 通过仿真结果纠正时序和功能错误。
2. 下载，改变外接时钟信号频率，观察彩灯运行情况。

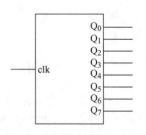

图 7-6　彩灯控制器原理框图

实验六　扫描数码显示

一、实验目的

1. 设计 6 位扫描数码显示器。
2. 熟练掌握"TOP - DOWN"（自顶向下）的设计方法，学习功能集成的设计方法。

二、实验说明

显示电路的作用是将数值在数码管上进行显示。比如秒表，计时范围为 0 ~ 59min59.99s。计时电路产生的计时值通过 BCD 七段译码后，驱动 LED 数码管显示。计时显示器存在一个方案选择问题，即采用并行显示还是扫描显示，这个问题关系到资源利用率。

并行显示同时驱动 6 个数码管，它需要同时对 6 组 BCD 码数据进行译码并输出 6 组 LED 七段驱动信号。驱动 6 个数码管的 7 个显示段，共需要 7×6 个 I/O 引脚，另外还需 6 个 BCD/七段译码器。

扫描显示每次只驱动一位数据，各位数据轮流进行显示，如果扫描的速度足够快，由于人眼存在视觉暂留现象，就看不出闪烁，这种方法需要的资源少。

三、设计提示

本实验是将简单的单元模块集成在一起，这些模块包括：六进制计数器、3/8 译码器、BCD/七段译码器和 24 选 4 多路数据开关集成在一起。

6 位扫描数码显示器共有 6 组 BCD 码（4 位）输入线、7 根七段译码输出线和 6 根位选通线。开始工作时，先从 6 组 BCD 数据选出一组，通过 BCD/七段译码器译码后输出，然后再选出下一组数据译码后输出。数据选择的时序和顺序由六进制计数器控制，与此同时，3/8 译码器产生位选通信号。

功能集成是集成电路设计中常用的方法。本实验是将六进制计数器、3/8 译码器、BCD/七段译码器和 24 选 4 数据选择器的功能集成在一起，即通过画顶层电路图将多个小功能模块集成为一个大的功能模块。

四、实验内容

1. 应用层次化的设计方法，顶层设计采用原理图，低层各功能块用 Verilog HDL 或宏模块进行功能描述。
2. 完成后，为"6 位动态扫描显示"生成一个模块符号，以供其他实验使用。
3. 编写仿真文件，验证设计正确性。

实验七　数显频率计

一、实验目的

1. 学习数字系统设计的步骤和方法。

2. 设计一个 3 位频率计, 其测量范围为 0 ~ 1MHz。量程分 10kHz、100kHz 和 1MHz 共 3 档 (最大读数分别为 9. 99kHz、99. 9kHz 和 999kHz)。

3. 量程自动转换规则如下:

1) 当读数大于 999 时, 频率计处于超量程状态, 此时显示器发出溢出指示 (最高位显示 F, 其余各位不显示数字), 下一次测量时, 量程自动增大一档。

2) 当读数小于 99 时, 频率计处于欠量程状态, 自动减小一档。

4. 显示方式如下:

1) 计数过程中不显示数据, 待计数结束以后, 显示计数结果, 并将此显示结果保持到下一次计数结束, 显示时间不小于 1s。

2) 小数点位置随量程变更自动移位。

二、实验说明

1. 分频器

本实验要求实现 1MHz 以下的 3 位频率计功能, 量程分为 10kHz、100kHz 和 1MHz 共 3 档, 故从分频器出来的时基信号应为 0. 1s、0. 01s 和 0. 001s 共 3 档。另外, 系统要不断地检测信号的变化情况, 每隔一定时间重新测量当前的频率。根据设计要求, 频率显示时间不能少于 1s, 这个 1s 的间隔也从分频器中获得。

时基信号从分频器出来, 送往闸门, 闸门根据控制器发来的时基选择信号选择相应的闸门信号。因此, 闸门可用一个数据选择器实现。

2. 计数器

从闸门选择出的时基信号 (闸门信号), 和被测信号一起送入计数器。闸门信号作为计数器使能信号, 在信号有效期间, 计数器对被测信号计数, 计数结果即为被测信号的频率与闸门信号时间的相对值, 即测量结果。然后将测量结果送入锁存器。测量计数范围应为 0 ~ 999。计数期间, 若测量结果溢出, 说明以当前闸门时间测频超量程, 计数器发出一溢出信号送往控制器。若测量结果小于 99, 则说明以当前闸门时间测频欠量程, 计数器发出一欠量程信号送往控制器。

3. 档位转换

控制器在收到超量程信号后, 若当前闸门时间为 0. 1s, 则控制器将提高量程一个档位, 即选择闸门时间减少一档, 且小数点向右移一位, 测量结果不超量程即可; 若仍超量程, 则闸门时间还应再减一档, 小数点再向右移一位, 继续测量; 若闸门信号已经在 0. 001s 的档位上, 测量结果仍超量程, 则控制器将输出超量程信号送入显示电路, 数码管将只在最高位显示 F, 其余数码管不显示。

同样, 控制器收到欠量程信号后, 控制器将降低量程一个档位, 使得输出的闸门时间加长, 小数点往左移一位; 若测量结果在最低量程仍欠量程, 则显示实际测量结果, 此时误差最大。

锁存器中的测量结果送入译码电路, 然后输出到数码管上, 小数点由控制器发出。

通过以上分析, 可得该数显频率计的详细框图如图 7-7 所示。

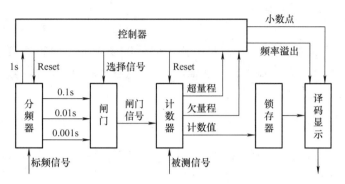

图 7-7　频率计设计框图

三、实验要求

1. 设计时先画出频率计的框图，按照自顶向下的设计方法对频率计的功能进行分割，画出各层的功能模块图，注明输入信号、输出信号和模块内部连接关系。

2. 合理选择各个功能模块的描述方式。

3. 编写仿真激励文件，对各个功能模块及总体功能进行仿真。

实验八　数字抢答器

一、实验目的

1. 设计一个可以同时容纳 8 组参赛的数字式抢答器，每组设置一个抢答按钮，供抢答者使用。

2. 电路具有第一抢答信号的鉴别和锁存功能。

在主持人将系统复位并发出抢答指令后，如果参赛者按抢答开关，则声光告知有人抢答，同时显示出抢答者的组别。

3. 设置犯规电路，对提前抢答或超时抢答进行报警。

二、实验说明

1. 本设计的关键是准确地判断出第一抢答者并将其锁存。在得到第一信号后应立即进行电路封锁，即使其他组抢答也无效。这里可以使用八 D 型锁存器和 JK 触发器实现。同时还应注意，第一抢答信号应在主持人发出抢答命令后才有效，否则视为犯规。

2. 当电路形成第一抢答信号后，利用编码、译码及数码显示电路显示抢答者的组别。绿灯显示抢答有效，红灯显示犯规，同时用声音告知有人抢答。设计原理框图如图 7-8 所示。

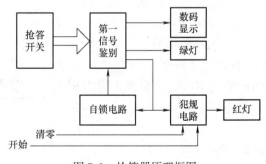

图 7-8　抢答器原理框图

199

三、实验要求

1. 设计时先画出抢答器的框图，按照自顶向下的设计方法对抢答器的功能进行分割，画出各层的功能模块图，注明输入信号、输出信号和模块内部连接关系。

2. 合理选择各个功能模块的描述方式。

3. 编写仿真激励文件，对各个功能模块及总体功能进行仿真。

实验九　多功能数字钟

多功能数字钟是一个可以对标准频率 1Hz 进行计数的电路，当秒计数器满 60 后向分计数器进位，分计数器满 60 后向时计数器进位，时计数器按 24 进 1 规律进行计数，输出经译码送至 LED 显示。该多功能数字钟除用于计时外，还具有校时和整点报时等功能。

一、实验目的

1. 学习自顶向下的模块化设计方法，掌握较为复杂的数字系统设计，特别是 Verilog 语言输入和原理图输入的混合设计方式。

2. 多功能数字钟的设计要求具有以下功能：

1）数字钟上最大计时能显示 23 小时 59 分 59 秒。

2）具有复位功能，即使时、分、秒复位回零。

3）具有停止时，保持其原有显示的功能。

4）能进行快速的校时、校分，使其调整到标准时间。

5）具有整点报时功能，即每小时整点到来前的 59 分 51 秒、59 分 53 秒、59 分 55 秒、59 分 57 秒时以频率 500Hz 使蜂鸣器响，59 分 59 秒时鸣叫频率为 1kHz。

6）其他扩展功能。

二、实验说明

多功能数字钟由时钟产生模块、计时模块、译码显示模块、整点报时模块、校时校分模块及系统复位模块等部分组成。整体设计方案框图如图 7-9 所示。

1. 时钟产生模块

时钟产生模块的功能是为计时电路提供计数脉冲、为整点报时所需的音频提供输入脉冲。一般的 EDA 实验系统均提供一定频率的时钟源，再通过设计分频电路得到所需求频率的脉冲。比如，输入为 1kHz 的时钟频率，经二分频后得到 500Hz 的频率，以满足整点报时所需的时钟频率，为了需要还可以再进一步分频。

2. 计时模块

计时模块是多功能数字钟的核心

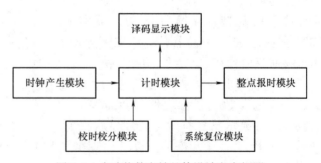

图 7-9　多功能数字钟整体设计方案框图

部分，由时、分、秒计数器模块构成。秒和分的计数器为六十进制，小时的计数器为二十四进制，这两种进制的计数器均可采用十进制计数器模块构成。

计时模块的设计方法有多种。可以采用原理图方式，直接从元器件库中调用类似74HC160 的十进制计数器模块符号，进而组成六十进制和二十四进制计数器；也可以直接采用 Verilog 语言编程，设计六十进制和二十四进制计数器；还可以先采用 Verilog 语言编程，设计十进制计数器，生成可调用的模拟符号，利用该十进制计数器的模块符号组成六十进制和二十四进制计数器。

设计时要充分考虑时、分、秒 3 个计数模块之间的关系，当时钟运行到 23 时 59 分 59 秒时，在下一秒脉冲作用下，数字钟显示 "00 时 00 分 00 秒"。

3. 译码显示模块

显示分为静态显示和动态显示两种方式。由于静态显示要占用较多的硬件逻辑资源，一般情况下采用动态显示。

动态显示设计原理是基于人眼视觉暂留特性，视觉暂留频率约为 24Hz，比如交流电的频率约为 50Hz，但是人的视觉并没有感觉到灯在闪烁。动态显示时，轮流控制各显示数码管，使它们依次显示，只要扫描信号的频率大于人眼的视觉暂留频率，人眼是不易察觉的。本实验是显示时、分、秒的个位和十位，有 6 位显示，则扫描频率应大于 6×24Hz。图 7-10 所示为 6 位动态显示设计的方案框图。

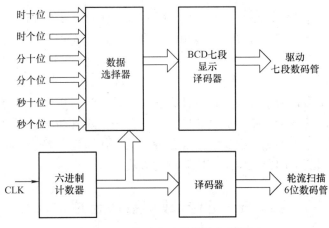

图 7-10　6 位动态显示设计方案框图

4. 整点报时模块

数字钟的报时功能由两部分组成，一部分用来选择报时的时间；另一部分用来选择报时的频率。根据设计要求，数字钟在 59 分 51 秒、59 分 53 秒、59 分 55 秒、59 分 57 秒时以频率 500Hz 使蜂鸣器响，59 分 59 秒时鸣叫频率为 1kHz。报时所需的频率信号可由 1kHz 的信号源提供，然后利用一个二分频电路得到 500Hz 的信号。

5. 校时校分模块

分计数器的计数脉冲有两个来源，一个是秒的进位信号；另一个是快速校分信号，该信号可以是 1Hz 或 2Hz 的脉冲信号，根据校分开关的不同状态决定送入分计数器的脉冲来源，以完成正常工作或快速校分功能，如图 7-11 所示。

多功能数字钟的校时模块设计原理与校分模块的设计原理相同。选择控制信号就是一个机械开关，其在接通或断开时，通常会有抖动，若不采取措施，会使逻辑电路产生误动作。为了消除这种误动作，一般需要设计一个消抖电路，可利用 RS 锁存器完成，如图 7-12 所示。消抖电路工作情况如图 7-13 所示。

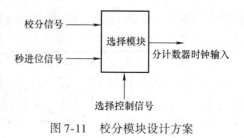

图 7-11　校分模块设计方案

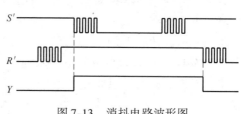

图 7-12　消抖电路　　　　　图 7-13　消抖电路波形图

6. 系统复位模块

可利用上述已经消抖处理的开关去控制计数器本身的清零端和使能端。

7. 将数字钟的各功能模块级联，生成顶层电路图，即可实现总体设计要求。

三、实验要求

1. 对数字钟采用自顶向下的模块化设计方法，要求设计层次清晰、合理。
2. 将仿真通过后的逻辑电路下载到相应的实验系统，对其功能进行验证。
3. 说明多功能数字钟各底层模块、顶层原理图的工作原理，并给出相应的仿真波形。
4. 总结实验中遇到的问题及解决相应问题的方法。

实验十　直接数字频率合成器

直接数字频率合成器（Direct Digital Synthesizer，DDS）是从相位概念出发直接合成所需波形的一种频率合成技术，具有较高的频率分辨率，可以实现快速的频率切换，并且在改变时能够保持相位的连续，很容易实现频率、相位和幅度的数控调解。一个直接数字频率合成器由频率预置调解电路、相位累加器、波形存储器 ROM、DAC 和低通滤波器构成。

一、实验目的

1. 掌握较为复杂的数字系统设计方法。
2. 学习 Quartus Ⅱ 软件中提供的 RAM 的使用方法。
3. 掌握数字频率合成器的工作原理。
4. 本实验的数字频率合成器完成以下功能：

1）输出信号频率可预置的正弦波。

2）用数码管显示输出信号频率。

3）其他扩展功能。

二、实验说明

直接数字频率合成器的原理框图如图 7-14 所示。图中 K 为频率控制字、f_c 为时钟频率、N 为相位累加器的字长、D 为波形存储在 ROM 中的数据位及 DAC 的字长。其中，虚线框内的各个功能模块均由 FPGA 器件实现。各功能模块设计原理如下。

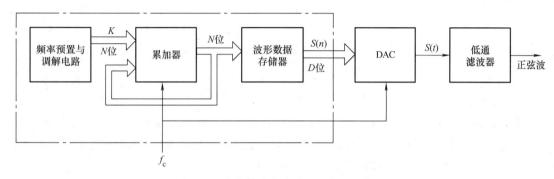

图 7-14　直接数字频率合成器的原理框图

1. 频率预置与调节电路

常量 K 被称为相位增量，也叫频率控制字。DDS 的输出频率表达式为 $f_o = \left(\dfrac{K}{2^N}\right)f_c$，当 $K = 1$ 时，输出的频率最低，为 $f_c/2^N$，即为频率的分辨率。而 DDS 的最高输出频率由采样定理决定，即 $f_c/2$。也就是说，K 的最大值为 2^{N-1}。因此，只要 N 足够大，输出信号可以得到很高的分辨率，这是传统设计方法难以实现的。要改变 DDS 输出信号的频率，只需改变频率控制字 K 即可，实验时可直接用外部的开关量输入。DDS 是一个全数字结构的开环系统，无反馈环节，因此其速度极快。

2. 累加器模块

相位累加器在时钟 f_c 的控制下，以频率控制字 K 为步长进行累加运算，产生所需要的频率控制数据。相位寄存器在时钟控制下，把累加的结果作为波形存储器 ROM 的地址，实现对波形存储器 ROM 进行寻址，同时把累加运算的结果反馈给相位累加器，以便进行下一次的累加运算。相位累加器的原理框图如图 7-15 所示。

当累加器累加满量程时就会产生一个溢出，完成一个周期的动作，这个周期也就是 DDS 信号的一个频率周期。

3. 波形存储器模块

累加器输出的数据作为波形数据储存器的地址，进行波形的相位到幅值的转换，即在给定的时间上确定输出波形的幅值。N 位的寻址 ROM 相当于把周期为 2π 的正弦信号离散成具有 2^N 个样值的序列，若存储在 ROM 中的波形数据是 D 位，则 2^N 个样值的幅值是以 D 位的二进制数固化在 ROM 中，按地址的不同输出相应相位的正弦信号的幅值。相位-幅值变

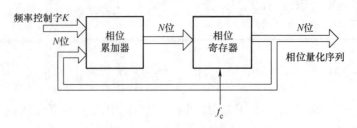

图 7-15　相位累加器原理框图

换的原理框图如图 7-16 所示。

图 7-16　相位-幅值变换原理框图

　　目前的 PLD 器件内部结构中均包含多种 ROM/RAM，在 Quartus Ⅱ 软件中存在于宏库，在原理图编辑器中，调用 LPM_ ROM 即可使用。软件中，可以进行存储数据的深度（数据的个数）和数据的宽度（数据的位数）等参数设置。

　　4. 将直接数字频率合成器的各功能模块级联，生成顶层电路图，实现总体设计要求。

三、实验要求

　　1. 对直接数字频率合成器采用自顶向下的模块化设计方法，要求设计层次清晰、合理，构成整个设计的功能模块既可采用原理图设计，也可采用硬件描述语言实现。

　　2. 将仿真通过后的逻辑电路下载到相应的实验系统，对其功能进行验证。

　　3. 将已经合成的正弦波数字信号转换成模拟信号。

　　4. 说明顶层电路图及各底层模块的工作原理，并给出相应的仿真波形。

　　5. 总结实验中遇到的问题及解决相应问题的方法。

　　6. 思考设计如何能同时产生输出多种波形（正弦波、余弦波、方波、三角波）的直接数字频率合成信号发生器。

附　　录

附录 A　Verilog HDL 关键词

首 字 母	关 键 字			
a	always	and	assign	
b	begin	buf	bufif0	bufif1
c	case	casex	casez	cmos
d	deassign	default	defparam	disable
e	edge	else	end	endcase
	endmodule	endfunction	endprimitive	endspecify
	endtable	endtask	event	
f	for	force	forever	fork
	function			
h	highz0	highz1		
i	if	ifnone	initial	inout
	input	integer		
j	join			
l	large			
m	macromodule	medium	module	
n	nand	negedge	nmos	nor
o	not	notif0	notif1	
	or	output		
p	parameter	pmos	posedge	primitive
	pull0	pull1	pullup	pulldown
r	rcmos	real	realtime	reg
	release	repeat	rnmos	rpmos
	rtran	rtranif0	rtranif1	
s	scalared	small	specify	specparam
	strong0	strong1	supply0	supply1
t	table	task	time	tran
	tranif0	tranif1	tri	tri0
	tri1	triand	trior	trireg
v	vectored			
w	wait	wand	weak0	weak1
	while	wire	wor	
x	xnor	xor		

附录 B　Verilog HDL 文法

序号	语　句	格　式	序号	语　句	格　式
1	always	always @ （条件） begin 　顺序执行语句； end	8	for	for （初值；循环条件；步进） begin 　执行语句； end
2	assign	assign 连续赋值语句；	9	forever	forever 　begin 　执行语句； 　end
3	begin	begin 顺序执行语句； end			
4	case	case （表达式） 　值1：语句1； 　值2， 　值3， 　值4：语句2； 　… 　default：语句 n； 　endcase	10	fork	fork 　并行执行语句； 　join
			11	function	function [范围] 函数 ID； 　输入信号声明； 　其他声明； 　begin 　执行语句； 　end 　endfunction

5	casex	casex （表达式）
		　值1：语句1；
		　值2，
		　值3，
		　值4：语句2；
		　…
		　default：语句 n；
		　endcasex
			12	if	if （条件）
					　begin
					　执行语句；
					　end
					　else
					　begin
					　执行语句；
					　end

6	casez	casez （表达式） 　值1：语句1； 　值2， 　值3， 　值4：语句2； 　… 　default：语句 n； 　endcasez	13	initial	initial 　begin 　初始化执行语句； 　end
7	cmos	cmos 编号 （输出，输入，N 控制，P 控制）；	14	inout	inout [范围] 双向接口列表；

（续）

序号	语　句	格　式	序号	语　句	格　式
15	input	input［范围］输入端口列表；	24	table －－ 组合 电路	table 　　输入：输出； endtable
16	integer	integer 整型数列表；			
17	module	module 模块名（端口列表）； 　端口方向声明； 　输出端口类型声明； 　其他声明； 　并行执行语句； endmodule	25	table －－ 时序 电路	table 　　输入：当前输出：次态输出； endtable
			26	task	task 任务 ID； 　信号方向声明； 　其他声明； 　begin 　执行语句； 　end endtask
18	nand －－ 多 输入 内置门	nand 编号（输出，输入 1，…， 输入 n）；			
19	nmos	nmos 编号（输出，输入，控制）；			
20	not －－ 多输 出门	not 编号（输出 1，…，输出 n， 输入）；	27	wait	wait 条件； 　wait 条件 　执行语句；
21	notif0 －－ 三态门	notif0 编号（输出，输入，控制）；	28	while	while（条件） 　begin 　执行语句； 　end
22	reg －－ 寄存器 类型声明	reg［范围］寄存器 1，…，寄存 器 n；			
23	repeat	repeat（循环次数） 　begin 　执行语句； 　end	29	wire －－ 线网 类型 声明	wire［范围］线网 1，…，线网 n；

附录 C　可编程逻辑器件芯片常用封装

封装名称及说明	实物样式
1. BGA（Ball Grid Array） 　球形触点阵列，属于表面贴装型封装。在 PCB 基板的背面按阵列方式制作出球形凸点用做芯片引脚，在 PCB 基板的正面装配芯片，然后用模压树脂或灌封方法进行密封，也称为凸点阵列载体（PAC）。BGA 封装一般用于芯片引脚较多的情况，如超过 200引脚	

（续）

封装名称及说明	实 物 样 式
2. BQFP（Quad Flat Package with Bumper） 带缓冲垫的四侧引脚扁平封装，属于 QFP 封装形式。在封装本体的四个角设置突起（缓冲垫），以防止在运送过程中引脚发生弯曲变形。美国半导体厂家主要在微处理器和 ASIC 等电路中采用此封装	
3. FQFP（Fine Pitch Quad Flat Package） 小引脚中心距 QFP，通常指引脚中心距小于 0.65mm 的 QFP	
4. PQFP（PlastIc Quad Flat Package） PQFP（塑料方块平面封装）是一种芯片封装形式。PQFP 封装的芯片的四周均有引脚，其引脚总数一般都在 100 以上，而且引脚之间距离很小，引脚也很细，一般大规模或超大规模集成电路采用这种封装形式。用这种形式封装的芯片必须采用 SMT（Surface Mount Technology，表面组装技术）将芯片边上的引脚与主板焊接起来。采用 SMT 安装的芯片不必在主板上打孔，一般在主板表面上有设计好的相应引脚的焊点。将芯片各脚对准相应的焊点，即可实现与主板的焊接。PQFP 封装适用于 SMT 表面安装技术在 PCB 上安装布线，适合高频使用，它具有操作方便、可靠性高、工艺成熟、价格低廉等优点	
5. PGA（Pin Grid Array） PGA 是阵列引脚封装，属于插装型封装。其底面的垂直引脚呈阵列状排列。封装基材基本上都采用多层陶瓷基板。在未专门表示出材料名称的情况下，多数为陶瓷 PGA，用于高速大规模逻辑 LSI 电路。成本较高。引脚中心距通常为 2.54mm，引脚数为 64~447	
6. TQFP（Thin Quad Flat Package） TQFP 即薄塑封四角扁平封装。薄四方扁平封装对中等性能、低引线数量要求的应用场合而言是最有效利用成本的封装方案，且可以得到一个轻质量的不引人注意的封装，TQFP 系列支持宽泛范围的印模尺寸和引线数量，尺寸范围为 7~28mm，引线数量为 32~256	

附录 D　逻辑符号对照表

名　称	国标符号	曾用符号	国外流行符号
与门	&		
或门	≥1		
非门	1		
与非门	&		
或非门	≥1		
与或非门	& ≥1		
异或门	=1	⊕	
逻辑恒等	=	⊙	
集电极开路的与门	&◇		
三态输出的非门	1 ▽ EN		

名　称	国标符号	曾用符号	国外流行符号
传输门	TG	TG	
双向模拟开关	SW	SW	
半加器	Σ CO	HA	HA
全加器	Σ CI CO	FA	FA
基本 RS 触发器	S R	S Q R Q̄	S Q R Q̄
同步 RS 触发器	1S C1 1R	S Q CP R Q̄	S Q CK R Q̄
边沿（上升沿）D 触发器	S 1D C1 R	D Q CP R Q̄	D SD Q CK RD Q̄
边沿（下降沿）JK 触发器	S 1J C1 1K R	J Q CP K Q̄	J SD Q CK KRD Q̄
脉冲触发（主从）JK 触发器	S 1J C1 1K R	J Q CP K Q̄	J SD Q CK KRD Q̄
带施密特触发特性的与门	&⎍	⎍	⎍

参 考 文 献

［1］Bhasker J. A Verilog HDL Primer（Second Edition）［M］. 徐振林，等译 . 北京：机械工业出版社，2004.

［2］张德学，张小军，郭华 . FPGA 现代数字系统设计及应用［M］. 北京：清华大学出版社，2015.

［3］蔡晓燕 . FPGA 数字逻辑设计［M］. 北京：清华大学出版社，2013.

［4］赵立民，于海雁 . 可编程逻辑器件与数字系统设计［M］. 北京：机械工业出版社，2003.

［5］潘松，黄继业，曾毓 . SOPC 技术使用教程［M］. 北京：清华大学出版社，2005.

［6］潘松，黄继业 . EDA 技术与 VHDL［M］. 4 版 . 北京：清华大学出版社，2013.

［7］赵鑫，蒋亮，等 . VHDL 与数字电路设计［M］. 北京：机械工业出版社，2005.

［8］曹昕燕，周凤臣，聂春燕 . EDA 技术试验与课程设计［M］. 北京：清华大学出版社，2006.